Vida Cuántica

El Reino de Dios Está Dentro De Ti

Steve McVey

TWS | THE WRITER'S SOCIETY PUBLISHING

Paperback: ISBN 978-1-961180-09-3

TWS Publishing
Lodi, CA 95240
www.thewriterssociety.online

Dedicado a Gerardo Vázquez, Director de Grace Walk América Latina, y a todo el equipo de Grace Walk allí, que se unen para compartir el mensaje del amor y la gracia de Dios.

ÍNDICE

Chapter 1

Un Nuevo Mundo Está Apareciendo

En la película La Matrix, una escena en particular se ha convertido en una metáfora icónica en la cultura contemporánea sobre la necesidad de un tipo de despertar que lleve a un cambio de paradigma completo. En esa escena, Morfeo le dice a Neo: "Toma la pastilla azul". La historia termina. Te despiertas en tu cama y crees lo que quieras creer. Toma la pastilla roja; te quedas en el País de las Maravillas y te muestro hasta dónde llega la madriguera del conejo".

El lugar de la humanidad en el flujo de la historia mundial nos ha llevado al punto en el que enfrentamos ese tipo de elección hoy en día. Los físicos del siglo XXI están explorando una madriguera del conejo que incluso los científicos más sofisticados han encontrado nada menos que sorprendente. Como en La Matrix, es una dimensión de otro mundo donde todo lo que pensábamos que sabíamos se da vuelta. Es una cultura diferente donde las reglas del mundo que podemos ver ya no se aplican. Los descubrimientos recientes están a punto de catapultarnos hacia una comprensión de esta realidad que cambiará nuestras vidas individuales y la experiencia colectiva de lo que significa ser completamente humano. Esa afirmación no es exageración. Esta madriguera del conejo es profunda, muy profunda.

Hemos llegado a una bifurcación en el camino donde ahora decidiremos cómo vivir nuestras vidas. Podemos tomar la pastilla azul y aferrarnos a nuestras creencias limitantes de toda la vida sobre nuestro mundo y nosotros mismos, o podemos tomar la pastilla roja y descubrir un reino que supera todo lo que hemos imaginado.

¿Cómo podríamos vivir en ese mundo? Comienza con la comprensión de que existe un dominio que es diferente a todo lo que has conocido antes. No puedes verlo, pero está ahí, y una vez que sepas cómo, puedes experimentarlo de maneras que enriquecerán inmensamente tu vida. Es un mundo en el que estás completamente despierto a la fuente de la realidad humana, dentro del cual puedes experimentar la expresión más auténtica y satisfactoria de la vida posible. Es una esfera donde rompes los límites de las creencias cerradas, restrictivas y obsoletas de tu pasado y te mueves hacia un lugar con posibilidades ilimitadas que superan todo lo que has pensado.

La barrera para experimentar esto es que la mayoría de las personas tienen poca o ninguna conciencia de que tal mundo incluso existe. Eso se debe principalmente a que todos crecimos en un mundo definido por el materialismo científico. En este mundo, la materia física se considera el punto de partida de lo que conocemos como realidad.

. . .

No cometas el error de pensar que la frase "materialismo científico" sugiere un paradigma que solo afecta a la ciencia. Ha influido en todo, incluso en la visión común de la fe que muchas personas tienen. Sin embargo, estamos en el punto hoy en día donde esta visión tradicional ha sido trastocada por la ciencia cuántica de las últimas doce décadas. ¿Cuál es la perspectiva del materialismo científico que ha guiado nuestra percepción de la realidad hasta ahora, y cómo difiere de la floreciente disciplina de la mecánica cuántica?

Piensa en esta explicación, admitidamente básica pero precisa: Los materialistas científicos ven el mundo como una gran máquina, donde las piezas pequeñas funcionan de una manera que sostiene el funcionamiento de las piezas más grandes. Una cosa lleva a otra. Es como si pequeños engranajes hicieran girar engranajes más grandes que mueven pistones, y los pistones hacen su trabajo, y las ruedas del autobús que llamamos "vida" giran y giran. Simplista, quizás, pero es algo así. Esto se ha llamado "causalidad ascendente". La idea fundamental es que las cosas pequeñas influyen en las cosas más grandes, creando una causa y efecto.

Considera este mundo físico. Los átomos se unen químicamente para formar moléculas. De las innumerables moléculas, cuatro moléculas orgánicas específicas son necesarias para cada organismo vivo. Considera el organismo con el que estás más familiarizado, tu propio cuerpo. Cuando te sientes enfermo, vas al médico y, a menos que estés cortado o algo esté claramente roto, va más allá de lo que puede ver con sus ojos y realiza pruebas en cosas que no pueden ser observadas visualmente. Luego, pasa a una escala más pequeña que debe examinarse con análisis de sangre y microscopios.

Esto asume que se tiene que trabajar en reversa desde lo que se puede ver hasta lo que no se puede ver para encontrar la causa del efecto. Es una progresión lineal desde el mundo macroscópico visible hasta el mundo microscópico de cosas demasiado pequeñas para verse visualmente. Una vez que llega allí, se espera encontrar el virus, la bacteria o cualquier otra causa que produzca el efecto indeseable en el cuerpo. A menudo funciona en el mundo más grande de las cosas físicas, pero el problema surge cuando lo llevamos más allá de lo que está garantizado.

En términos generales, nuestra visión subyacente es que todo en la vida se basa en una causa y efecto lineal. Si sucede esto, entonces sucederá aquello. Esa perspectiva se puede ver en áreas de la vida que ni siquiera son físicas. Muévete de lo físico a lo metafísico, y aún la encontrarás. Considera la religión, por ejemplo. A muchos se les ha enseñado que, si quieren que Dios los ayude, hay cosas que deben hacer para facilitar esa ayuda. Ir a la iglesia, la sinagoga, la mezquita o estudiar las Escrituras, o pedir en sus oraciones. La prescripción varía según el punto de vista sectario, pero generalmente tienen algo en común. Haz lo que se supone que debes hacer en este extremo, y el Creador hará lo mismo en el otro extremo.

Muchos se ven a sí mismos aquí, en un mundo temporal, haciendo cosas que causarán una respuesta divina desde otro mundo. Una vez más, causa y efecto. Lamentablemente, el cristianismo tampoco ha escapado de esa idea errónea, como lo demuestra la abundancia de legalismo dentro de la iglesia en la actualidad.

> Es un legalismo que sostiene que si haces esta cosa (lo que sea que tu denominación considere importante), entonces Dios hará esa cosa, es decir, bendecirte. Al igual que la antigua ciencia de antaño, gira en torno a un sistema cerrado que es totalmente predecible y generalmente manejable cuando se comprende.

Este enfoque lineal para comprender la realidad se remonta a Isaac Newton. Casi todo lo que la cultura moderna cree acerca de nuestro mundo y nuestro lugar dentro de él, toma su liderazgo de ideas formuladas en el siglo XVII. Esta teoría mecanicista que explica todos los elementos del universo para actuar como palancas y engranajes que trabajan como máquinas gigantes separadas entre sí, divisibles y totalmente autocontenidas, ha sido la única forma de entender el mundo durante los últimos cuatro siglos. Si todo funcionara así, entonces ese sistema, en su esencia, crearía un mundo de existencia independiente. Todo estaría separado de todo lo demás.

Sin embargo, la descripción de Newton del mundo solo veía partículas individuales de materia siguiendo leyes específicas de movimiento a través del espacio y el tiempo. Hemos creído que A lleva a B, que lleva a C, que lleva a D. El sistema cerrado de Newton dependía de resultados predecibles y confiables inherentes a una máquina de trabajo suave llamada "el universo".

. . .

Ahora sabemos que, si bien esta modalidad funciona en la escala macroscópica, no es como funciona todo. Por extraño que parezca, no siempre se necesita una acción física para causar un efecto.

> ¿Y si existe un mundo que no es mecanicista y lineal, sino más bien un lugar donde los resultados se manifiestan en lugar de fabricarse?

¿Qué pasaría si algo tan simple como un enfoque sostenido en un resultado particular que deseamos ver manifestado tuviera un poder inherente? ¿Y si nuestras expectativas dan forma a nuestra realidad? Estas no son preguntas hipotéticas. Los científicos las han formulado y respondido de maneras que han trastocado las visiones tradicionales sobre estos temas.

Hemos creído que gran parte de la vida simplemente sucede, y simplemente tenemos que adaptarnos a lo que pueda venir. El hecho es que eso simplemente no es cierto. Es una perspectiva que necesitamos cambiar. Hemos pasado nuestras vidas dentro de la percepción de este mundo material y mecánico. Nuestros sentidos y experiencias humanas han validado eso como la única definición de lo que es real. Hasta ahora, hemos creído que simplemente tenemos que jugar las cartas que nos repartieron. La mecánica cuántica demuestra lo contrario. No solo no tenemos que jugar las cartas que nos reparten, sino que ahora sabemos que tenemos una habilidad innata para crear la mano que recibimos.

. . .

Cada posible mano existe en la baraja cuántica, y hay habilidades que se pueden aprender que influyen en la mano que obtenemos. La idea misma de que este juego de la vida pueda ser un programa temporal que se ejecuta dentro de una matrix intemporal suena a ciencia ficción. Sin embargo, con el advenimiento de la mecánica cuántica y los descubrimientos que han surgido, ahora sabemos que, lejos de ser ciencia ficción, la evidencia empírica sigue verificando que hay una realidad última acerca de la cual sabemos cosas previamente desconocidas. Durante más de cien años, los físicos cuánticos han estado, y no puedo resistir la referencia de Viaje a las Estrellas, "yendo audazmente donde ningún hombre ha ido antes".

Esta ciencia incipiente del mundo subatómico ha explotado las puertas de la realidad de nuestra casa, tal como la hemos conocido. La ciencia está afirmando lo que la sabiduría antigua de varias tradiciones nos ha dicho durante mucho tiempo: Hay un estado superior de ser que la mayoría de las personas experimenta en su vida diaria. De hecho, hay un Fundamento del Ser que trasciende lo que percibimos en este entorno temporal. Albert Einstein describió esta realidad trascendental cuando supuestamente dijo: "Ser humano, vegetal o polvo cósmico: todos bailamos al compás de una misteriosa melodía, entonada a lo lejos por un tañedor invisible". Max Planck, ganador del Premio Nobel y padre de la física cuántica, dijo: "Debemos suponer detrás de esta fuerza [que vemos como materia] la existencia de una mente consciente e inteligente." [1]

. . .

La ciencia de un universo cerrado ha dado paso a la comprensión de un espacio mucho más amplio que alberga el pequeño hogar espacio-temporal que siempre hemos conocido. En la manera que descubrimos en los siguientes capítulos, la realidad trascendental es una cultura donde las reglas estándar de la vida en un mundo lineal no funcionan.

> Al aprender cómo funciona todo en ese mundo, abrimos el camino a nuevas experiencias, habilidades y resultados que nunca podríamos haber imaginado posibles en la rutina de nuestra actual expectativa y comprensión newtoniana de la vida.

Es simplemente una cuestión de adoptar una nueva orientación hacia cómo vivimos nuestras vidas.

El impedimento para adaptar este nuevo paradigma que contrasta drásticamente con lo que siempre hemos conocido es la lente interpretativa que usamos para procesar nueva información. Los mapas neuronales en nuestros cerebros han estado allí por mucho tiempo. Hemos recorrido inconscientemente las autopistas mentales que usamos para entender la realidad durante tanto tiempo que cambiar de rumbo no llega rápidamente para muchos. La mayoría de las personas funcionan en piloto automático, viviendo a nivel subconsciente sin siquiera darse cuenta.

. . .

El hecho de que quieras leer este libro es una buena señal porque sugiere que intuitivamente sabes que podría haber una mejor manera, un estado superior de ser que el que experimentas actualmente. Eso es cierto para todos nosotros, así que, confía en esa intuición. No todos lo hacen. Sería sabio considerar que puede ser más que intuición y podría ser el Espíritu que te empuja hacia una realidad más profunda.

Henry David Thoreau observó sabiamente: Un hombre recibe sólo lo que está listo para recibir, ya sea física, intelectual o moralmente, como los animales conciben sus especies sólo en ciertas estaciones. Escuchamos y comprendemos sólo lo que ya sabemos a medias. Si hay algo que no me concierne, que está fuera de mi línea, al que por experiencia o por genio mi atención no es atraída, por muy novedoso y notable que sea, si se habla, no lo escucho, si se escribe, no lo leo, o si lo leo, no me detiene. Cada hombre así se rastrea a sí mismo a través de la vida, en toda su audición, lectura, observación y viaje. Sus observaciones hacen una cadena. "El fenómeno o hecho que no puede ser vinculado de ninguna manera con el resto que ha observado, no lo observa". [2] Tenía razón. Vemos lo que esperamos ver y filtramos el resto.

¿Estás listo para dar un paso masivo hacia una comprensión más profunda de la vida cambiando tu forma de pensar? Parece que hay un acuerdo colectivo de que un nuevo y mejor camino para recorrer esta experiencia humana es inminente. Este cambio en la conciencia humana ocurre cuando reconocemos que el mundo material no es el fundamento del ser que hemos pensado que era. Nuestra antigua comprensión de la realidad temporal está siendo desmantelada y la evidencia moderna está enmarcando una nueva comprensión de una Realidad Trascendente que eclipsa todo lo que hemos conocido.

Estos son días emocionantes para estar vivos porque estamos a punto de presenciar un aumento exponencial de conocimiento como el mundo nunca ha visto. Mientras escribo estas palabras, la inteligencia artificial está emergiendo a un ritmo vertiginoso. Es emocionante y a la vez aterrador. Con ese conocimiento vendrán cambios más allá de lo que podemos imaginar. El viejo axioma es correcto: "El conocimiento es poder".

Maya Angelou dijo que cuando las personas saben mejor, hacen mejor. La ciencia cuántica, cuando se aplica correctamente, está proporcionando conocimientos que tienen el potencial de ayudar de maneras que ni siquiera hemos imaginado. Ha llegado el día en que podemos saber mejor cómo vivir la vida en un plano más elevado y resonar con lo que Einstein llamó "un universo amigable". Ya no tenemos la excusa de no saber mejor. Sabiendo lo que podemos saber ahora, podemos sincronizarnos con este "universo amigable" y experimentar una transformación individual y colectiva.

El inventor y futurista estadounidense Buckminster Fuller creó la "Curva de Duplicación del Conocimiento". Observó que hasta el año 1900, el conocimiento humano se duplicaba aproximadamente cada siglo. Al final de la Segunda Guerra Mundial, el conocimiento se duplicaba cada veinticinco años. Hoy en día, el conocimiento general humano se duplica cada trece meses. Según IBM, con la expansión cada vez mayor de Internet, pronto veremos la duplicación del conocimiento cada doce horas. [3]

. . .

Eric Schmidt, el ex CEO de Google, afirmó: "Cada dos días creamos tanta información que data desde el amanecer de la creación hasta 2003". [4] Esto es un aumento serio que tiene posibilidades inconcebibles. Las mejores predicciones de los futuristas más brillantes son solo la punta del iceberg.

La ciencia del pasado ha tomado su lugar en la historia de nuestro desarrollo y ha dado lugar a maravillas tecnológicas modernas que nuestros padres no podrían haber previsto incluso una generación atrás. Sin embargo, a pesar de todo lo que la física newtoniana nos ha dado, estamos descubriendo que alguna de esa ciencia fue limitada en el mejor de los casos y defectuosa en el peor. O al menos nuestra aplicación ha sido defectuosa por extender sus límites. La ciencia de nuestros libros de texto de la infancia funciona de ciertas maneras, pero no de otras. Considerando la vida relativamente corta de la ciencia tal como la hemos conocido, la absoluta lealtad que muchos le dieron fue un exceso.

Puede sorprenderte saber que la palabra “Científico" ni siquiera existía hasta el siglo XIX; No había tal palabra. La palabra latina para "ciencia" existía, pero significaba "conocimiento". La palabra "científico" que señala una disciplina académica era desconocida. La palabra fue acuñada por primera vez por William Whewell, un sacerdote anglicano, lo cual no es sorprendente ya que el estudio de cómo funcionaba el mundo en aquel entonces era principalmente realizado por teólogos que tenían un gran apetito por saber cómo el Creador diseñó su creación para funcionar. Otros que estudiaron cómo funcionaba el mundo eran llamados "filósofos naturales". Por lo tanto, lo que hoy llamamos "ciencia" solía ser parte de la teología y la filosofía. La ciencia, por sí misma, es relativamente nueva, por lo que no piense que avanzar más allá de la ciencia de su educación es anti-intelectual porque no lo es. De hecho, avanzar es una progresión natural basada en evidencia empírica que emerge de la investigación.

> Hay una nueva ciencia en la ciudad que le dice a la ciencia de Newton del pasado: "Nos has llevado hasta aquí, y lo apreciamos, pero sólo podías llevarnos hasta cierto punto". Ahora es el momento de avanzar con la ayuda de la exploración cuántica.

Con el surgimiento de una ciencia creciente conocida como "mecánica cuántica", hemos visto un nuevo mundo en el que todo está contenido. La mejor manera de describir este mundo invisible es decir que es un mundo de energía pura que llena todo. No hay nada fuera de este campo. Todo vive, se mueve y existe dentro de él. Se le ha llamado con varios nombres, dependiendo de la orientación de quien lo estudia. Los astrónomos lo llaman "energía oscura". Los físicos cuánticos lo han llamado "el campo" o "la matrix". Los deístas y teístas lo llaman "la matrix divina" o "Dios". Otros lo han llamado "fuente", "universo", "consciencia colectiva" o "espíritu". Seis siglos antes de que naciera Jesús, los griegos entendían vagamente su existencia y lo llamaban el "éter." Se referían a él como "el aire de los dioses". Jesús lo llamó "el reino de Dios". El apóstol Pablo, que escribió más de la mitad del Nuevo Testamento, lo llamó "en Cristo". Los hindúes lo llaman "prana". En el taoísmo se llama "chi". No te desanimes por los diferentes lenguajes que no sean los tuyos. Sin importar cuán precisas o imprecisas puedan ser nuestras diversas comprensiones, todos apuntamos en la misma dirección, dando evidencia de un deseo innato de la Verdad Eterna.

En cualquier nombre que se use, esta energía se ha demostrado que es una fuerza vital omnipresente que fluye a través del universo. Mientras que los materialistas científicos creían que la materia está separada de otras materias, ahora sabemos que no existe tal cosa como el espacio vacío. Esta fuerza, este campo, es la fuente de todo en el mundo físico, y es gracias a esa fuente que las cosas se mantienen unidas.

No fue hasta el siglo XIX que el hombre que propuso la teoría electromagnética, James Clerk Maxwell, ofreció una descripción científica formal de este campo omnipresente que conecta todas las cosas. Lo describió como una "sustancia material de una forma más sutil que los cuerpos visibles, que se supone existe en aquellas partes del espacio que aparentemente están vacías". [5]

Albert Einstein afirmó su existencia en una conferencia de 1928, diciendo: "Según la teoría general de la relatividad, el espacio sin éter es impensable; porque en tal espacio no solo no habría propagación de luz, sino también ninguna posibilidad de existencia de estándares de espacio". [6]

La Física Cuántica se adentra en ese éter omnipresente e intenta comprenderlo. A diferencia de la física clásica, que principalmente ve al mundo y todo lo que hay en él como una máquina física de algún tipo, la física cuántica ha descubierto que las cosas no son tan mecánicas ni siquiera tan físicas como creíamos. Lo que pensábamos que era material es en realidad energía. Si lo magnificamos lo suficiente, desaparece. Cuando nos acercamos al nivel subatómico, no encontramos materia, sino energía pura que aparece y desaparece de la visibilidad.

Una de las características principales de la energía es que vibra. Cada objeto físico vibra a su propia frecuencia en particular. El descubrimiento de que lo que parece sólido no es sólido si lo observamos lo suficientemente cerca ha sido sorprendente. Las cosas no son como parecen. La silla en la que estás sentado ahora puede parecer estar quieta, pero no lo está. Tampoco lo está la pantalla o la página desde la que estás leyendo en este momento. Ni siquiera tú. Todo está vibrando porque la energía vibra.

Así que, ahora sabemos que el mundo no es lo que hemos creído. No somos lo que hemos pensado. En nuestro estado más elemental, no somos simplemente una reacción química, sino una carga energética que se manifiesta en forma física. Los seres humanos son una amalgama de energía expresada en un campo de realidad que algunos han llamado "espíritu". Todo existe en ese mundo trascendente del espíritu.

Consecuentemente, Dentro de este campo de energía pulsante se encuentra el motor central de nuestro ser y conciencia, el alfa y el omega de nuestra existencia. Estamos conectados con todas las demás cosas en el mundo, no estamos separados de nuestra Fuente ni unos de otros.

. . .

En la antigua manera de pensar, la "supervivencia del más apto" sería el protocolo lógico porque todo estaba solo y tenía que defenderse por sí mismo o por sí mismos. Ahora sabemos mejor. Debido a que finalmente entendemos que todos estamos conectados, el mejor enfoque para la humanidad en el futuro es que la competencia ceda ante la cooperación. De hecho, en el sistema simbiótico revelado por el descubrimiento de la Matrix, podemos ir más allá de la mera cooperación y abrazar la compasión mutua.

Imagina un mundo donde no tendría que haber ganadores y perdedores. Ahora, imagine un mundo donde todos podamos ganar compartiendo una intención sostenida motivada por el deseo colectivo de crecer como especie. Ese mundo no es el sueño vacío de los ingenuos. Por el contrario, es una posibilidad real si estamos dispuestos a recorrer el camino al que nos ha dirigido la sabiduría antigua y la ciencia moderna.

Instintivamente sabíamos que el camino estaba ahí. Finalmente, la física cuántica surge como un GPS para guiarnos en la implementación del viaje diseñado por el tañedor invisible de Einstein. Resulta que no vivimos en un mundo materialista. La evidencia empírica de la mecánica cuántica muestra claramente que todo es espiritual. La elección de esa palabra es intencional porque si la esencia de la vida no es física, no puede haber una palabra más precisa para describir esta realidad invisible y energética que "espiritual".

COSAS EXTRAÑAS

La pastilla roja de la espiritualidad es difícil de tragar para los materialistas duros. Einstein luchó con ello y se enfrentó a aquellos que sugirieron que una fuente invisible e inmaterial podría afectar a las cosas materiales y hacer que se manifiesten en el mundo físico. Niels Bohr, pionero en la física cuántica temprana, era colega y amigo personal de Einstein. En 1927, veintinueve de las mentes más brillantes en la ciencia se reunieron en un encuentro científico que algunos llamaron más tarde "el choque de los titanes". De un lado estaba Bohr, quien sugirió que las partículas materiales no existen aparte de un observador. Su opinión era que, por el mero acto de observación, la energía se materializa en materia. Fue extraño para la época, y Einstein no lo aceptó. Discutió públicamente con su amigo en ese evento y discutió con Bohr sobre temas cuánticos durante los próximos treinta años de su vida. Al final, Bohr demostró tener razón. [7]

Es difícil para cualquier persona, ya sea Einstein o nosotros, aceptar cosas que no encajan dentro de la comprensión que ya tenemos. Cuando se comienza a hablar de una causa metafísica e invisible de las cosas, los materialistas se ponen nerviosos.

Pero, los siguientes capítulos revelarán que las cosas que no pueden ser vistas son en realidad la causa detrás de escena de lo que vemos y experimentamos en la vida. Eso sugiere que existe un mundo metafísico que supervisa el mundo físico. Ese es un tema espinoso para muchos. Amit Goswami, un físico nuclear teórico y místico y profesor retirado del Instituto de Física Teórica de la Universidad de Oregón, abordó audazmente el asunto en su libro "Dios No Está Muerto". [8]

Con integridad académica y pasión personal, Goswami desafió el paradigma ateo de larga data que los materialistas científicos han sostenido durante mucho tiempo. Goswami, un hindú, puede que no use la palabra "Dios" como lo haría un seguidor de Jesucristo, pero ciertamente ha sacudido el barco ateo de muchos materialistas científicos. Esto proviene de un hombre con las credenciales y el coraje para confrontar el statu quo de la ciencia sagrada del pasado. Bob Dylan tenía razón: "Los tiempos están cambiando". Algunos pueden argumentar que Goswami no es creyente en Jesucristo, pero ¿preferirían que siguiera siendo ateo? Como seguidor apasionado de Cristo, me complace cada vez que veo a una persona avanzar en su viaje espiritual y elijo respetar que su proceso está siendo guiado por Aquel que nos guía a todos.

La ciencia más reciente de la academia cuántica no solo nos muestra que un mundo inmaterial da origen al mundo material, sino que también nos muestra que tenemos un papel destacado en ese acto creativo.

> Lo asombroso que la física ha revelado es que somos participantes en la creación de la realidad que experimentamos en una medida mucho mayor de lo que nunca hemos sabido.

Con las herramientas de la intención enfocada, el deseo elevado, la observación consciente, los pensamientos con propósito y las palabras, poseemos la capacidad de dar forma a nuestra realidad en esta vida.

. . .

La mecánica cuántica nos enseña que las cosas no simplemente suceden. Somos ingenieros de lo que sucede en nuestras vidas y no se desarrolla como pensábamos. Los resultados materiales en tu vida se deben a la utilización de fuerzas inmateriales que siempre has poseído y utilizado sin saberlo. Ahora, a medida que crecemos en la comprensión de nuestra inherente habilidad creativa, nuestras vidas pueden cambiar de maneras positivas que nunca hemos visto. Somos co-creadores en asociación con un Campo de Posibilidad que abre la puerta a una vida hermosa y a un mundo que muchos creían anteriormente imposible.

La idea de que tenemos tanto control sobre nuestras vidas y que influyamos en el mundo que nos rodea suena demasiado extraño para algunas personas. Sin embargo, poseemos una habilidad latente que tal vez nunca hayamos reconocido. No hay nada en lo que no tengamos impacto.

Cuando se enfrentó con pruebas irrefutables de un experimento cuántico que demostraba el poder de la conexión unificada compartida por todas las cosas, Einstein lo llamó "escalofriante". Después de hacer sus descubrimientos revolucionarios en la física cuántica, el ganador del Premio Nobel Werner Heisenberg recordó: "Me pregunté una y otra vez: ¿Puede la naturaleza ser tan absurda como nos pareció en estos experimentos atómicos?" [9] El físico teórico Michio Kaku describió mejor la situación de la física cuántica cuando dijo: "A menudo se dice que, de todas las teorías propuestas en este siglo, la más tonta es la teoría cuántica. Algunos dicen que lo único que tiene a favor la teoría cuántica es que es indudablemente correcta". [10]

ES TIEMPO DE CRECER

Por extrañas que parezcan muchas de las verdades universales que enseña la física cuántica, Michio Kaku tiene razón: "es indudablemente correcta". Aceptar esa realidad a menudo requiere una apertura a ideas que no hemos abrazado previamente. Los dolores de crecimiento a menudo acompañan el crecimiento personal a medida que los viejos paradigmas reemplazan a los nuevos.

> Estar dispuesto a adaptarse a nuevos entendimientos es vital para el desarrollo personal. No podemos avanzar y permanecer donde estamos simultáneamente.

Cada uno de nosotros está en diferentes lugares en nuestros propios viajes, pero asumo que dondequiera que estés en este momento, quieres crecer. Eso es algo que tenemos en común.

Cualquier intento de delinear completamente las características del crecimiento sería una lista muy larga porque todo posee cualidades únicas y distintas que difieren de otras cosas y crecen de diferentes maneras. Una bellota evolucionando en un roble y un embrión emergiendo como un recién nacido son experiencias muy diferentes. Cómo se ve el crecimiento se individualiza para cada cosa que crece. Sin embargo, hay un común denominador que comparten todas las cosas que crecen. Es un hecho que cambian. La propia naturaleza de la palabra "crecimiento" implica cambio. Donde hay crecimiento, hay cambio. Donde no hay cambio, no hay crecimiento. Es así de simple. Sinceramente espero que experimentes cambio a medida que asimiles las verdades que aprenderás en este libro.

El desafío del enriquecimiento personal es que el cambio requiere trabajo para la mayoría de las personas. Con el tiempo, el paradigma que sirve como la lente de nuestra interpretación de la vida se ha solidificado. Cambiarlo requiere una mente accesible que generalmente no surge fuera de la intención consciente. Estudios han demostrado repetidamente que las personas tienden a ver las cosas que afirman lo que ya creen y no ven la evidencia que contradice sus construcciones mentales existentes.

Este sesgo de confirmación es la inclinación a pensar que ya sabemos la forma correcta de entender algo hasta el punto en que no estamos dispuestos, aunque a menudo de manera inconsciente, a considerar que pueda haber una mejor manera de verlo que la que tenemos ahora. No podemos evitarlo: pensamos que tenemos la razón y no vemos la necesidad de una transformación radical en nuestra comprensión. Querer crecer y no estar dispuestos a cambiar es una contradicción. Jesús explicó este dilema diciendo que no se puede poner vino nuevo en odres viejos. No lo soportarían. Él dijo: "Y nadie que haya probado el vino viejo quiere el nuevo, porque dice: el viejo es mejor" (Lucas 5:39, NTV). La gente tiende a pensar que "lo viejo es mejor", pero ¿y si no lo es?

David Perkins, profesor e investigador de la Escuela de Graduados de Educación de Harvard, acuñó el término "sesgo de mi lado" para referirse a la preferencia por el "mi" lado de un problema. [11] Naturalmente, tendemos a pensar que estamos en lo correcto, pero ¿y si no lo estamos?

. . .

> ¿Y si tu interpretación de la vida se ha basado en fuentes educativas, culturales, religiosas, filosóficas u otras que han informado tus puntos de vista y te han llevado a una comprensión incompleta, o incluso errónea, de la mejor manera de vivir en este mundo? ¿Es posible que no sepas lo que no sabes?

Ciertamente, nadie debería ser ingenuo, pero ¿eres alguien que se deja enseñar?

El fundamentalismo rígido es una amenaza perenne cuando se trata de aprender. Lamentablemente, existe en comunidades científicas, filosóficas y religiosas. Se caracteriza por una insistencia obstinada en una postura inflexible que se niega a reconocer que es posible que no hayamos tenido razón en muchos aspectos y que necesitemos estar dispuestos a cambiar. En lugar de eso, un enfoque honesto e informado debería obligarnos a estar abiertos a nuevas ideas.

Piénsalo. Sólo podemos ver el cuatro por ciento de lo que existe en el universo. El resto es materia oscura. Eso significa que el noventa y seis por ciento está oculto. La concentración promedio de átomos en el universo es de 0,2 átomos por metro cúbico. Eso es todo lo que podemos ver en ese espacio. Entonces, está claro que hay mucho que no sabemos. Si toda nuestra comprensión de la realidad física se basa en el cuatro por ciento de lo que podemos ver y sólo podemos detectar 0,2 átomos en un metro cúbico, ¿no tenemos mucho margen para la arrogancia acerca de lo que pensamos que sabemos, ¿verdad? ¿Cuánto más hay por aprender? Nuestro conocimiento puede compararse con un grano de arena en las playas del planeta o incluso con una partícula de polvo estelar entre todas las galaxias del cosmos. Entonces, ¿tiene sentido pensar que todavía tenemos mucho que aprender?

Algunas veces desperdiciamos mucha energía en los detalles externos de la vida mientras ignoramos el estado interno del ser que, en última instancia gobierna nuestras acciones externas. Entonces, mientras lees este libro, mira hacia adentro y compartamos la intención de crecer personalmente. El sabio y místico del siglo XIV, Rumi, dijo: "Ayer era inteligente, así que quería cambiar el mundo. Hoy soy sabio, así que, me estoy cambiando a mí mismo".

Sé sabio y ten disposición a cambiar de la modalidad obsoleta de la ciencia lineal y aventúrate por la puerta abierta de nuevos descubrimientos científicos hacia el dominio de posibilidades ilimitadas. Abraza cualquier necesidad que veas para abandonar las ideologías religiosas que te enseñaron conceptos de separación de Dios y de los demás. Elige mirar más allá de la visión reduccionista del mundo que la ciencia y la religión de nuestra juventud nos enseñaron. Disponte a retractarte, arrepentirte y dejar de lado las visiones erróneas que te llegaron de tu familia, tu fe, tu educación y tu cultura. Sal de tu zona de confort y disponte a cambiar. Para citar nuevamente a Rumi, "Huye de lo que es cómodo. Olvida la seguridad. Vive donde temes vivir. Destruye tu reputación. Sé notorio." El apóstol Pablo también lo dijo bien: "Hermanos, yo mismo no pretendo haberlo ya alcanzado. Pero una cosa hago:

olvidando ciertamente lo que queda atrás, y extendiéndome a lo que está delante, prosigo a la meta, al premio del supremo llamamiento de Dios en Cristo Jesús" (Filipenses 3:13-14).

Hay un nuevo mundo que te espera. En ese mundo, no hay límites para tu vida.

> La ciencia cuántica es diferente del lenguaje de la iglesia, pero transmite el mismo mensaje que habla de un mundo gobernado por la Energía Eterna. Para los creyentes, se conoce como el Reino de Dios.

No está ahí afuera, en algún lugar distante. "El reino de Dios está entre vosotros", dijo Jesús. Se ve diferente de la religión muerta contaminada por la lógica lineal del materialismo científico.

Es diferente al mundo material que hemos conocido, y la forma en que funcionamos allí es distinta, pero cuando aprendemos su cultura, descubrimos un camino hacia una vida y un mundo mejor de lo que la humanidad ha entendido hasta ahora. Descubrimos una manera de gracia, donde la bondad se vierte en nuestras vidas de maneras que no hemos visto ni imaginado. Tu viaje hacia el despertar a este mundo comienza ahora. Abre tu mente y tu corazón y di "¡sí!"

Chapter 2

Ve Diferente: De la Potencialidad a la Realidad

Estaba sentado en el vestíbulo de un hotel en Beijing con mi pie cruzado sobre mi rodilla cuando un guardia de seguridad se acercó, me tocó y me dijo que bajara el pie. En la cultura china, se considera de mala educación mostrar la suela de tu zapato a la gente. No lo sabía, pero una vez que aprendí esa información, me propuse no volver a hacerlo. Si quieres tener la mejor experiencia posible en una sociedad desconocida, siempre es bueno aprender sus costumbres y actuar de tal manera que te brinde el mayor disfrute de estar allí. Trabaja con, no en contra, del flujo de la vida allí.

Lo mismo es cierto dentro del Reino de Dios. Así como aprender sobre una nueva cultura es esencial en un país diferente, es importante comprender cómo nuestra vida en Cristo puede vivirse de la mejor manera para que conozcamos y disfrutemos la vida para la que hemos sido creados. La Biblia dice que "nuestra ciudadanía está en el cielo" (Filipenses 3:20) y, como en cualquier otro lugar, hay formas de vivir que complementan esa cultura y maximizan nuestra experiencia. En Isaías 55:8-9, Dios le dijo a Israel que no pensaban como Él, y tampoco sus caminos eran los caminos de Él. Conocer cómo Dios quiere que vivamos nuestras vidas puede marcar toda la diferencia. "Hay un camino que parece correcto para un hombre", dice la Escritura, pero es mejor comprender cómo vivir de acuerdo con Aquel que diseñó y nos dio nuestras vidas.

En esta vida hay infinitas posibilidades por experimentar y lo fantástico es que participamos con Cristo en hacer que sucedan resultados específicos. En Mateo, Jesús dijo: "Con Dios, todo es posible". Dentro de ese mundo de infinitas posibilidades, siendo habilitados por el poder creativo de Cristo dentro de nosotros, ayudamos a crear lo que experimentamos. El mundo cerrado y mecanicista de la ciencia de ayer sugiere un determinismo que nos deja esperando pasivamente para ver qué sucederá a continuación. En ese mundo, lo mejor que podemos hacer es esperar lo mejor. Es lo que es.

Sin embargo, la ciencia cuántica moderna nos enseña que nosotros influimos tremendamente en los resultados que experimentamos.

> Las cosas no suceden simplemente, sino que surgen a través de acciones y actitudes específicas que practicamos consciente o inconscientemente. En este mundo no lineal, cuántico, tenemos un gran papel en qué tipo de vida tendremos.

Cuando comprendemos cómo funciona este mundo podemos cooperar con su cultura en beneficio nuestro. Sin entenderlo, a menudo actuamos inconscientemente de manera que nos lleva a nuestro detrimento. La conclusión es que no somos pasivos, sino participantes de una forma u otra.

El físico John Wheeler argumentó que no somos simples espectadores en un escenario cósmico, sino moldeadores y creadores que viven en "un universo participativo". [1] La ciencia actual afirma la verdad bíblica de que somos colaboradores con Dios. En el reino de Dios, todo es posible y puedes participar en dar forma a la realidad que experimentas. Una clave importante para este proceso de cocreación se centra en cómo miras las cosas. Es cuando aprendemos a ver de manera diferente que las cosas suceden para nosotros.

EXPERIMENTO DE LA DOBLE RENDIJA

El efecto que tienen nuestros pensamientos y enfoque en resultados específicos es un fenómeno científico comprobado. Uno de los experimentos científicos más importantes de la historia es el experimento de la doble rendija. Aunque fue realizado por Thomas Young en 1801, sus implicaciones solo se comprendieron parcialmente cien años después. Cuando los físicos a principios del siglo XX comenzaron a replicar y examinar los resultados del experimento de Young, esto cambió todo. De hecho, su experimento ha sido llamado por muchos "el experimento que rompió la realidad". Este experimento se ha llevado a cabo en casi todos los laboratorios universitarios de física, y el final siempre es el mismo. Los resultados de la investigación no están en duda, ni tampoco el experimento en sí. Si algo está en juicio, somos nosotros, porque los resultados son irrefutables.

. . .

Después de escuchar sobre este experimento, tu primera respuesta puede ser descartarlo porque los resultados son impactantes. Probablemente te preguntarás, "¿cómo puede ser eso cierto?" Esa es una reacción razonable. Incluso Niels Bohr, uno de los padres de la mecánica cuántica, dijo: "Si la mecánica cuántica no te ha impactado profundamente, aún no la has entendido".

En el experimento de la doble rendija, un instrumento dispara una sola partícula de luz dirigida hacia una pared con dos rendijas en ella. Mientras los investigadores observan el experimento, la partícula pasará por la rendija de la izquierda o la derecha. Detrás de esa pared hay otra pared sensible a la luz que registra dónde golpea la partícula después de pasar por la rendija de la primera pared y golpear la pared de atrás.

La primera parte de este experimento no sorprende a los investigadores. Solo hay dos rendijas, así que cuando los científicos disparan una sola partícula de luz y observan, pasa por la de la izquierda o la derecha. Luego golpea la pared trasera y deja una marca en cualquiera de los lados por los que pasa en la pared delantera. Eso es sentido común, pero lo que sucede en el siguiente paso es desconcertante. Cuando disparan la partícula, pero no la observan, la pared trasera muestra un patrón de interferencia, como si el fotón no hubiera pasado por una de las dos rendijas, sino por ambas simultáneamente.

Piensa que es similar a lanzar una piedra en un estanque quieto y causar un efecto ondulatorio. Habrá un círculo que se expandirá hacia afuera desde el centro. En contraste, si lanzas dos piedras en el mismo estanque, crearán dos círculos y causarán un patrón de interferencia con picos y valles a medida que las ondas se encuentran entre sí en los círculos en expansión. Eso sucede cuando se realiza el experimento de la doble rendija sin que nadie lo observe. Cuando la partícula no es observada, parece pasar por ambas rendijas simultáneamente, como lo demuestran las marcas en la pared trasera. Cuando se observa, se comporta como cabría esperar, golpeando un punto y dejando una marca en el lado izquierdo o derecho de la pared trasera. Es un resultado desconcertante que viola lo que creíamos que sabíamos sobre cómo funciona la realidad. ¿Cómo y por qué la partícula se comporta de manera diferente cuando se observa que cuando no se observa?

Los científicos encontraron difícil creer que, con el simple hecho de observar el experimento, influían en el resultado. Estos profesionales desconcertados querían experimentar más y ver si podían engañar a la máquina, así que adoptaron otro enfoque. Decidieron salir de la habitación y no observar físicamente el experimento. Estos eran científicos astutos que, en cambio, instalaron un dispositivo para registrar por qué rendija pasó el fotón. ¿Qué verían en una grabación cuando nadie había estado en la habitación?

Cuando la máquina disparó un fotón, ¿mostró en la pared trasera un patrón de interferencia porque no estaba siendo observado? No, pasó por una de las dos rendijas, dejando una sola marca en la pared, tal como lo había hecho cuando los investigadores lo observaban en persona. ¿Cómo es posible? El dispositivo de grabación lo observó a pesar de la ausencia de un observador humano. Es casi como si el fotón supiera que estaba siendo observado.

. . .

Entonces, los científicos decidieron ir aún más lejos en su experimento. Esta vez desconectaron la videocámara de la máquina de fotones, pero dejaron una batería en la cámara para que la luz indicadora se mantuviera encendida, dando la apariencia de que el grabador estaba funcionando. No estaba grabando. Solo estaba preparado para parecer que funcionaba. ¿Crees que la rendija pasó por una o por ambas? ¡Pasó por ambas!

No pudieron engañar al fotón. Actuó como si supiera si estaba siendo observado o no. ¿Cómo ocurrió eso? ¿Cómo lo supo? ¿Podría la partícula tener algún tipo de conciencia que lo supiera? ¿Fue el simple acto de un humano observando lo que marcó la diferencia? Hay tantas preguntas sin respuesta. Parece increíble. Es importante recordar que este experimento ha sido replicado en laboratorios y laboratorios de física en todo el mundo durante los últimos cien años y siempre funciona de la misma manera.

Si esa explicación tiene poco sentido para ti, no te preocupes, estás en buena compañía. ¿Qué debemos aprender de este experimento? El experimento de la doble rendija muestra cómo los resultados están directamente influenciados si los observados o no. Suena loco. El físico teórico, Michio Kaku, lo dijo bien: "A menudo se afirma que, de todas las teorías propuestas en este siglo, la más absurda es la teoría cuántica".

Kaku tiene razón. Es extraño, pero es cierto.

> Es increíble cómo la ciencia demuestra que, con el simple acto de observación influyes en el resultado. Esto no sugiere que tengas control absoluto, sobre todo. Sin embargo, tienes una tremenda influencia en la cocreación de tu realidad.

Este experimento no tiene sentido para la mente racional. Pero eso no significa que no sea cierto. Observa la conexión entre la realidad revelada en la ciencia cuántica y el Reino de Dios. Cualquier persona racional esperaría que una partícula disparada hacia dos rendijas pase por una u otra, y eso es exactamente lo que sucede cuando se observa el proceso. Hay un vínculo innegable entre lo que esperamos que suceda y lo que sucede. ¿Qué ves? ¿Dónde pones tu enfoque?

Todo este asunto de ver las cosas de manera diferente tiene raíces bíblicas. Dios le dijo a Abraham: "Te daré todo lo que puedas ver". Hay algo poderoso en la intención enfocada. Seamos claros que, al discutir la intención enfocada, hablamos de dónde te enfocas. Es natural que miremos donde esperamos que algo suceda, y con el simple acto de enfocarnos allí, influimos en lo que sucede. Atención es igual a intención. Una vez que entiendas los resultados de este experimento y sus implicaciones espirituales para la vida, toda tu perspectiva se transformará. Inicialmente, será inquietante, pero cambiará la forma en que ves la vida y el mundo.

Uno de los más grandes físicos del siglo XX fue Richard Feynman, quien ganó el Premio Nobel de física en 1965. Él dijo: "Creo que puedo decir con seguridad que nadie entiende la mecánica cuántica". [2] Durante los primeros días de la física cuántica, uno de los pioneros revolucionarios, Werner Heisenberg, dijo: "Me repetí una y otra vez la pregunta: ¿Puede la naturaleza ser posiblemente tan absurda como nos parecen estos experimentos atómicos?" [3] Después de un descubrimiento, Albert Einstein declaró: "Si esto es correcto, significa el fin de la ciencia". Se refería al fin de la ciencia de su época: el materialismo científico. Ni Einstein ni sus colegas podrían haber imaginado los avances que la ciencia traería durante los siguientes cien años. La ciencia de la mecánica cuántica lo cambió todo.

De la misma manera que los materialistas científicos se sorprendieron por sus descubrimientos científicos, muchos seguidores de Cristo hoy en día luchan por creer que la forma en que funcionamos dentro del Reino de Dios es muy diferente de lo que la religión legalista nos ha enseñado. La ciencia anticuada dice que el mundo funciona como una máquina donde una cosa lleva a otra, luego a otra y otra más. Ahora sabemos que la ciencia cuántica no sigue esas viejas reglas que una vez se creyeron inmutables. Lo mismo es cierto en asuntos de nuestra fe. La religión anticuada y del antiguo pacto del pasado decía que nuestras vidas se basan en ciertas cosas que llevan a otras cosas. Si estudias la Biblia u oras lo suficiente, o vives bien moralmente o haces innumerables otras cosas, Dios te bendecirá y sucederán cosas buenas.

El nuevo pacto de gracia ha hecho obsoletas esas viejas reglas y las ha reemplazado con un sistema de vida que pone a Cristo, (no a nuestra conducta), como el centro de todo. El legalismo de la vieja escuela se resiste a este nuevo pacto de gracia, al igual que un materialista científico se resistiría a las realidades cuánticas. Los caminos de Dios no son nuestros caminos, y sus pensamientos no son nuestros pensamientos. Él tiene una forma muy diferente de ver las cosas. Pero, intenta decirle eso a un legalista religioso y reaccionará de manera similar a un fundamentalista científico que aún no puede aceptar la verdad de la ciencia moderna porque no concuerda con su educación o experiencia.

Nuestra vida en Cristo no está gobernada por nuestra autodeterminación, sino por la simple observación. No es nuestra lucha espiritual, sino el enfoque espiritual el que trae resultados reales y duraderos. ¿Hacia dónde estás mirando? Hebreos 12:2 dice: "Fijemos la mirada en Jesús, el autor y perfeccionador de nuestra fe". Influimos en el resultado de nuestras vidas al ver toda la vida a través del lente Cristológico. Pablo dijo: "Si has resucitado con Cristo, pon tu mente en las cosas de arriba".

> Tu mayor avance puede venir al aprender a ver todo dentro de Cristo. Tal vez el cambio más crítico que necesitas no es tu situación, sino tu visión.

Dónde va tu enfoque es esencial. Es un hecho aprendido tanto de la Biblia como de la ciencia. La experiencia se moldea significativamente por cómo vemos a Dios, el mundo y a nosotros mismos. Nada influye más en lo que experimentamos en la vida que dónde ponemos nuestra atención. Necesitamos ver de manera diferente quitando nuestro enfoque de lo superficial y poniéndolo en lo sobrenatural. Mira más allá de las circunstancias y ve a Cristo.

. . .

La versión de la biblia en español (El Mensaje) traduce así Colosenses 3:1-2 de una manera muy útil, diciendo: "No andes arrastrando los pies, con los ojos en el suelo, absorto en las cosas que tienes delante. Mira hacia arriba y mantente alerta a lo que sucede alrededor de Cristo". – ahí es donde está la acción. Mira las cosas desde Su perspectiva".

ESTALLANDO LOS QUIFFS

Cuando reconocemos que somos participantes junto con Dios en la creación de nuestra realidad, surge una pregunta: "¿Cómo dirijo mis acciones para efectuar un cambio?" La ciencia responde a esa pregunta sin ambigüedad. Como demuestra el experimento de la doble rendija, la intención enfocada puede afectar un resultado simplemente eligiendo dónde nos enfocamos.

> Es casi como si hubiéramos tenido un arma secreta todo el tiempo y ahora nos damos cuenta de su potencial.

William James, el hombre a menudo referido como el "Padre de la Psicología Americana", escribió: "El mayor descubrimiento de mi generación es que un ser humano puede alterar su vida al alterar sus actitudes." Meister Eckhart, un teólogo, filósofo y místico alemán, dijo: "Lo que plantamos en el suelo de la contemplación, lo cosechamos en la acción". [5]

El concepto de que todas las posibilidades existen en lo que la ciencia llama "potencia" ha sido explorado y respaldado por autoridades respetadas en diversos campos, incluyendo la física y la filosofía. El físico cuántico Erwin Schrödinger propuso la idea de superposición, donde las partículas pueden existir en múltiples estados simultáneamente hasta que son observadas, sugiriendo que todas las posibilidades residen en potencia hasta que se actualizan a través de la observación. [6]

La teoría de la armonía preestablecida del filósofo y matemático Gottfried Wilhelm Leibniz sostiene que todas las posibilidades existen en entidades fundamentales, indivisibles y simples que conforman la realidad. Él creía que solo algunas se actualizan de acuerdo con la voluntad de Dios. [7] Jesús dijo: "Lo imposible para los hombres es posible para Dios" (Lucas 18:27, NVI), "Todo es posible para Dios" (Marcos 10:27) y "Al que cree todo les es posible" (Marcos 9:23).

> No pienses que tu vida está fija y no puede ser transformada por completo. No hay nada que puedas imaginar que no sea posible cuando actúas en cooperación con Cristo.

Jesús lo dijo, no es que sus palabras lo necesiten, pero la ciencia se suma con un fuerte "¡Amén!" a lo que Él dijo.

¿Cómo funciona esto? Una ilustración simple puede ser útil. Piensa en "potencia" como un océano cósmico con innumerables burbujas de aire en la superficie. Cada burbuja tiene una potencialidad distinta que aún no se ha materializado. Lo que está dentro de esas burbujas en "potencia" no es imaginario. Es real pero aún no se ha colapsado de la potencialidad a la actualidad. Todo lo que experimentarás alguna vez ya está allí, "en superposición", usando el lenguaje cuántico. Existe en lo que algunos físicos llaman "en forma de onda", aún no manifestado como una partícula. Una partícula es un resultado específico.

Es aquí donde comienza lo emocionante: ¿No sería genial si pudieras elegir qué burbuja de potencialidad se convirtiera en una actualidad en tu vida? Esas burbujas son llamadas "estallando los quiffs" por la comunidad de mecánica cuántica. La palabra es la ortografía fonética en ingles de QWF que significa "función de onda cuántica". Al entender cómo ver de manera diferente, sabemos lo que es necesario para "lograr estallar el quiff". Eso no se creía posible dentro del paradigma del materialismo científico. En esa débil visión del mundo, somos simplemente espectadores de la vida. Es un mundo mecanicista y determinista donde lo que sucede, sucede, y lo miramos y nos agarramos para el paseo. Los científicos cuánticos nos han mostrado que ese no es el caso.

John Wheeler, uno de los contemporáneos de Einstein, argumentó que vivimos en un "universo participativo". Acuñó el término "Principio Antrópico Participativo" (PAP) a partir de la palabra griega anthropos, o "humano", y sugirió que no solo existimos en nuestro mundo. Somos agentes que lo creamos. Nadie sugiere que seas el Creador, pero la ciencia y las Escrituras apuntan al hecho de que eres un creador que trabaja con Dios para dar forma a tu experiencia humana.

. . .

Para lograr "estallar el quiff", ¿qué se necesita? Puedes hacerlo al enfocar tu intención en una burbuja, una posibilidad en superposición, y luego esperar a que se manifieste. En términos religiosos, se llama "orar en fe". Tu mente se enfoca en el resultado, lo visualiza y espera que suceda. No es magia, pero a menudo conduce a milagros. Dios está por encima de todo y te dará lo mejor, pero como co-creador, tu intención enfocada es sin duda influyente, como lo demuestra el experimento de la doble rendija.

Traer algo a la existencia en el espacio y el tiempo depende completamente de dónde dirigimos nuestros pensamientos. No estamos trayendo algo a la realidad de la nada. Lo estamos trayendo del reino de Dios al mundo temporal. Tu observación enfocada afecta el resultado. Por ejemplo, el miedo o la preocupación pueden desencadenar la liberación de adrenalina o cortisol en el cuerpo donde antes no había. Cuando te preocupas por algo, se produce una repentina avalancha de productos químicos y hormonas en el cuerpo.

De manera similar, pensar en momentos felices y recordarlos hará que tu cuerpo produzca endorfinas y dopamina. Nuevamente, tus pensamientos son responsables de ello. Primero, no estaban allí, luego te enfocaste en ellos, y aparecieron. Intenta esto para ilustrar el punto. Imagina que recoges un limón amarillo completamente maduro. Visualízalo en tus pensamientos. Siente las hendiduras en el limón. Ve el color de él en la mente. Está maduro y jugoso mientras lo aprietas. A continuación, imagina cortar ese limón por la mitad, olerlo y morderlo. Tu boca se llena de jugo de limón al morderlo. ¿Te hizo salivar esa situación imaginada? ¿Por qué sucedió eso? Con el poder del pensamiento, te enfocaste en un resultado específico y ocurrió. Así es como funciona nuestro mundo.

No hay evidencia que respalde el punto de vista materialista o las teorías mecánicas y lineales que han guiado a la ciencia y la religión. La realidad es un universo cuántico de resultados desconcertantes causados por fuerzas que no podemos interpretar completamente. La tecnología no puede medirlo. Hay un aspecto místico de la ciencia cuántica que nos lleva más allá del universo mecánico y cerrado, hacia un reino de espíritu. Espero que veas ahora que todo es espíritu. Otra palabra para espíritu es energía. Todo es energía.

EL MISTERIO DE LA LIBRERÍA NAG HAMMADI

Un día en 1945, un granjero local llamado Muhammad Ali al-Samman estaba cavando en busca de fertilizantes en la base de un acantilado cerca de la ciudad de Nag Hammadi en el Alto Egipto. Encontró un jarro de barro sellado que contenía trece rollos encuadernados en cuero que contenían cincuenta y dos escritos. Cuando los textos fueron finalmente traducidos y estudiados por eruditos, descubrieron que su origen se remontaba a siglos atrás.

Hay un momento en el tercer y cuarto siglo cuando las autoridades obligaron a la gente a destruir todos los libros excepto aquellos que ellos decían que podían ser guardados. Alguien enterró entonces estos libros en el campo para asegurarse de que no fueran destruidos. Uno de esos libros fue el "Evangelio de Tomás". Este libro no es parte de la Biblia, pero se cree que Tomás pudo haberlo escrito. Aunque no es bíblico, proporciona una idea de cómo este seguidor de Cristo veía este tema de la intención enfocada.

Una de los pasajes escritos allí dice: "Si la carne ha venido a la existencia debido al Espíritu, es una maravilla. Pero si el Espíritu ha venido a la existencia debido al cuerpo, es una maravilla de maravillas". [8]

Sabemos que la primera parte de esa afirmación es verdadera y que la carne, la materia física, ha llegado a existir debido al Espíritu, no al revés. Existe una sensación en la cual la segunda posibilidad sería increíble. "Pero si el Espíritu ha llegado a existir debido al cuerpo, es una maravilla de maravillas". No creamos a Dios. Él nos creó cuando dijo: "Hágase la luz". Su intención enfocada sobre lo que quería manifestar trajo cosas físicas a la existencia. Jesús dijo lo mismo en Juan 6:63 "El Espíritu es que da la vida; la carne para nada aprovecha".

Por otro lado, lo que este texto podría sugerir es la capacidad que cada uno de nosotros tiene para facilitar eventos en el mundo del Espíritu.

> Puedes mover el mundo invisible del Espíritu a través de la intención enfocada. Si esta idea te hace sentir incómodo, considera las palabras de Jesús. Él dijo: "Yo te daré las llaves del reino de los cielos; todo lo que ates en la tierra quedará atado en el cielo, y todo lo que desates

en la tierra quedará desatado en el cielo"
(Mateo 16:19, NVI).

Esa poder no fue otorgada solo al Apóstol Pedro, sino también a ti. Tienes el poder de mover el cielo y la tierra. El Creador te ha permitido unirte a Él en la creación al participar en el mundo invisible del Espíritu.

Vuelve al origen de todas las cosas, y encontrarás a Dios trayendo todo a la existencia por su intención, expresada a través de la palabra hablada. Él vio el mundo y luego lo habló a la existencia física. La modelo para la creación fue establecida para nosotros por nuestro Creador desde el principio. Las cosas vienen de los pensamientos. Los objetos e incidentes vienen de la intención. Ese es un regalo que te ha sido otorgado por Aquel que habló todas las cosas a la existencia. Ahora solo se trata de aprender a utilizar este regalo.

Las cosas que deseas que sucedan en la vida no ocurren tratando de forzar un cambio externo. En cambio, comienza con una conversión interna. Cambia la forma en que piensas sobre la situación. Reformúlala y mira de manera diferente. Mírala a través de la lente de Cristo y de la bondad divina. La gracia es tu base de referencia. Tratar de cambiar las cosas externamente con poca o ninguna atención a tu estado interno es caer en la ciencia y la religión legalista desactualizadas del pasado. Así no funciona.

. . .

Ni la Biblia ni la ciencia moderna apoyan el creacionismo materialista. Crecimos en un mundo científico mecanicista. El darwinismo nos enseñó que todo proviene de la sopa primordial, pero que después hubo esta causalidad ascendente que inició un proceso que creó todo lo que vemos hoy. Eso no es verdad.

> La ciencia, representada por Darwin, y la fe, representada por Jesucristo, solían ser opuestas y estar en desacuerdo con la ciencia moderna. Esto ya no es cierto. En muchos aspectos, la ciencia cuántica se une a la fe y camina armónicamente juntas.

La vida cuántica es un estilo de vida empoderado por Cristo y expresado a través de las leyes absolutas y universales del Espíritu. Esto no se refiere a leyes en el sentido de reglas religiosas, sino más bien como la ley de la gravedad u otras leyes naturales. Excepto que estas son leyes sobrenaturales. Si bien es posible que nunca comprendamos completamente cómo funcionan estas cosas, sabemos que funcionan porque no son nada menos que una expresión de Cristo en acción en medio de nosotros mientras cooperamos con Él.

Al igual que los resultados del experimento de la doble rendija, es un misterio cómo funcionan estas cosas, pero no pierdas la oportunidad de disfrutar de la vida que fuiste creado para conocer solo porque no puedas entenderlo todo. El filósofo y teólogo Soren Kierkegaard a menudo se le atribuye haber dicho: "Algunas cosas son verdaderas, aunque no podamos comprenderlas".

. . .

Aprender a ver una de manera diferente es aceptar el misterio sin insistir en entenderlo todo. “Porque andamos por fe, no por vista”, recordó el apóstol Pablo a los corintios. En un ensayo titulado “El mundo como lo veo”, Albert Einstein se pronunció sobre el misterio, diciendo: “Quien nunca ha tenido esta experiencia me parece, si no muerto, al menos ciego”. [9] No seas ciego. Aprende a ver diferente.

TODO ES ENERGIA

Los materialistas tenían razón en cuanto al tema de los átomos. Todo está compuesto de átomos y está hecho de partículas llamadas quanta. La sustancia de esos quanta no es materia, sino energía que vibra a una frecuencia específica que se une con otros quanta que vibran a la misma frecuencia. Puedes ampliar una molécula con un microscopio electrónico para ver el átomo. Si sigues ampliando, llegarás a partículas subatómicas. Si sigues ampliando, descubrirás que, en su núcleo y nivel más básico, hay solo energía vibrando en lugar de estar en reposo. La energía es la base de todo lo que existe. Los pensamientos que tenemos no son diferentes. Son energía. Los pensamientos vibran a una frecuencia que atrae a otros elementos que vibran a la misma frecuencia. Los pensamientos vibrantes que están enfocados y dirigidos pueden usarse para crear.

Aunque algunos lo disputan, se dice que Einstein dijo: "Todo es energía, y eso es todo lo que hay. Iguala la frecuencia de la realidad que deseas, y no puedes evitar obtener esa realidad". ¿No dijo Jesús algo similar? Él dijo: "Todo lo que pidan en oración, creyendo que ya lo han recibido, lo obtendrán".

. . .

De acuerdo con Einstein, existe una relación entre la materia y la energía. La Teoría Especial de la Relatividad explica cómo la masa y la energía son diferentes manifestaciones de la misma cosa. Me doy cuenta de que esto no es lo que normalmente escuchamos en la iglesia, pero no lo descartes. No es difícil de entender y es un cambio de juego. Esta comprensión de la ciencia cuántica aplicada nos da una idea de cómo funciona el Reino de Dios. Como verás, esta explicación es el lenguaje de la ciencia que enseña lo mismo que dice la Biblia.

Einstein dijo que la masa y la energía son lo mismo en dos estados diferentes. La Enciclopedia Británica explica su ecuación $E = mc^2$ como un teorema que la masa y la energía son la misma entidad física que se puede transformar una en la otra. Mantenga esa idea por un momento. La energía y la materia (masa) son lo mismo, pero en diferentes formas, y una se puede convertir en la otra.

Sir Isaac Newton, un seguidor devoto de Cristo y científico dedicado, formuló "la ley de la gravitación universal". Según esta ley, cada objeto en el universo atrae a otros objetos. Entonces, la masa atrae a la masa. Luego, Einstein dijo $E = mc^2$, siendo E la energía. Por lo tanto, la energía es masa en un estado diferente. Es como un silogismo que sugiere que, si A es verdadero y B es verdadero, entonces C debe ser verdadero. Aquí es donde esta línea de lógica nos lleva:

1. Según Newton, la masa atrae la masa.
2. Según Einstein, la masa es energía.

3. La energía atrae la masa.

La energía puede generar conexiones o resultados físicos. ¿Son tus pensamientos materia física? No, son energía. Puesto que la masa atrae a la masa, como dijo Isaac Newton, y la energía es lo mismo que la masa, como dijo Einstein, los pensamientos son energía, por lo que se atraerán hacia la masa de la misma frecuencia. ¡Tal poder está en tus pensamientos!

> Tus pensamientos tendrán un impacto significativo en los resultados que experimentas. Esto es más que un hecho científico. También es una verdad bíblica. Jesús dijo a una persona: "Conforme a tu fe te sea hecho" (Mateo 9:29). En otras palabras, "Cómo crees que será (conforme a tu fe) es cómo será".

El proverbio bíblico dice: "Como piensa el hombre, así es él". No es de extrañar que se nos instruya a "derribar argumentos y toda altivez que se levanta contra el conocimiento de Dios, y llevamos cautivo todo pensamiento a la obediencia a Cristo" (2 Corintios 10:5, NVI).

Ver diferente es clave para la vida cuántica porque nuestras percepciones mentales y expectativas dan forma a nuestra realidad. Sabemos que Dios es la fuente última de todo y que Su poder es mayor de lo que podríamos imaginar. Sin embargo, no estamos sin herramientas para equiparnos y participar en Su obra. La ciencia cuántica nos enseña cómo mirar las cosas impacta en nuestro mundo físico. Al cambiar nuestro enfoque y aprender a ver las cosas de manera diferente, podemos aprovechar el poder de Dios. A través de los principios de la mecánica cuántica que Él ha establecido, podemos ver nuestras vidas tomar forma según un Plan Intencional basado en Cristo en lugar de una progresión incidental basada en el azar.

Chapter 3

Cree Diferente: El Poder de la Intención

Carol Dweck y Lisa Blackwell son dos investigadoras de la Universidad de Stanford que estudiaron cómo enseñar una mentalidad de crecimiento a estudiantes de entornos desfavorecidos que fueron afectados por su desempeño. Un experimento controlado con estudiantes de secundaria incluyó a 373 estudiantes de un distrito escolar urbano y los asignó aleatoriamente a un grupo de intervención de mentalidad de crecimiento y a un grupo de control. Al grupo de intervención se le brindó capacitación para hacerles creer que podían obtener calificaciones más altas. Se les dijo que podrían volverse más inteligentes siguiendo la capacitación. El objetivo era cambiar su creencia sobre su potencial.

Al grupo de control no se le dijo nada. Ambos grupos fueron evaluados antes del inicio del experimento y al final del año escolar se evaluó su progreso académico. Los resultados mostraron que los estudiantes capacitados para esperar mejores calificaciones obtuvieron puntuaciones significativamente más altas en matemáticas e inglés que aquellos cuyas creencias no habían cambiado. Ser informados de que podían volverse más inteligentes parecía hacerlos más inteligentes y les permitía desempeñarse mejor en la escuela.

Nuestras creencias desempeñan un papel central en determinar la forma en que experimentamos la vida. Son como las lentes a través de las cuales vemos el mundo y son el modelo que usamos para interpretar lo que vemos. Lo que vemos y creemos es la base de cómo vivimos. Nuestras creencias informan nuestras actitudes e influyen en nuestras acciones.

> Nadie se comporta de manera consistente en contra de su sistema de creencias subyacente. Pregúntale a cualquier persona cuya vida haya sido transformada y te dirá que todo comenzó cuando su sistema de creencias comenzó a cambiar.

¿Cuáles son los materiales que construyen nuestros sistemas de creencias? La mayoría de las personas honestamente dirían que quieren que la verdad sea la sustancia de sus creencias. Por supuesto, nadie quiere creer conscientemente algo equivocado, pero ¿qué es la verdad? Esa es la pregunta perenne que los seres humanos han hecho porque, instintivamente, todos sabemos que construir nuestras vidas sobre algo que no sea la verdad no es sabio y, por el contrario, a menudo es destructivo.

. . .

La vida cuántica es un viaje de cambios porque el crecimiento es imposible sin cambio. Albert Einstein dijo: "La medida de la inteligencia es la capacidad de cambiar". El ganador del premio Nobel Peter Medawar dijo: "El propósito de la ciencia no es confirmar nuestros prejuicios, sino para examinarlos y, de ser necesario, modificarlos". La ciencia moderna reconoce la necesidad de hacer a veces cambios fundamentales en la forma en que interpretamos el mundo. La palabra bíblica para este tipo de cambio es "arrepentimiento", que proviene de la palabra griega metanoia y se refiere a una conversión cognitiva que conduce a una transformación completa en la forma en que una persona cree y se comporta. La ciencia y la fe sugieren estar abiertos a un examen honesto que pueda conducir al cambio. Cuatrocientos años antes de Cristo, Sócrates observó: "La vida sin examinar, no vale la pena vivirla". Creer de manera diferente requiere nada menos que estar dispuesto a reexaminar nuestro sistema de creencias desde cero.

En su libro *El Universo Autoconsciente: Cómo la Consciencia Crea el Mundo Material*, el físico teórico Amit Goswami discute cómo hacer preguntas existenciales que la ciencia no puede responder es una puerta de entrada a la transformación personal. Describe cómo llegó a un punto en su vida en el que se preguntó por qué su sistema de creencias no estaba influyendo en su matrimonio, habilidades como padre y otros aspectos de su vida. El camino para descubrir respuestas a esas preguntas llevó a un cambio en sus creencias, moviéndolo de identificarse como ateo al lugar donde escribió: "Según la física cuántica, hay un dominio no material y trascendental de la realidad que es la base de todo lo que existe". En este dominio, hay una inteligencia organizadora responsable de todas las leyes de la naturaleza. "Esta inteligencia organizadora es lo que llamamos Dios". [1] Si bien no usa la palabra "Dios" de la misma manera que lo haría un cristiano, su honesta auto-examinación lo llevó a un sistema de creencias radicalmente nuevo y, en consecuencia, a una experiencia de vida diferente. Afirmó: "La evidencia de Dios está dentro de nosotros, pero para verla, tenemos que ser sutiles. Para vivirla, tenemos que crecer". [2]

Sí, en eso estamos de acuerdo. Debemos crecer; cuando lo hacemos, nuestras creencias cambiarán porque el crecimiento es imposible sin cambio. En mi libro *Caminando bajo su Gracia*, escribí como ayudar a los lectores a cambiar sus creencias sobre sí mismos y verse como Dios nos ve. En *Más Allá de un Dios Enojado*, discutí extensamente la importancia de cambiar nuestras creencias equivocadas sobre Dios. Esos son temas fundamentales que requieren atención si vamos a vivir la vida que se nos ha dado para experimentar. Las creencias correctas en esas áreas nos equipan para considerar lo que creemos sobre el mundo que nos rodea.

¿Cómo describirías el mundo en el que vives? A menudo se cita a Einstein diciendo: Creo que la pregunta más importante que enfrenta la humanidad es: ¿Es el universo un lugar amigable? Esta es la primera y más básica pregunta que todas las personas deben responder por sí mismas". Siempre ha habido debate sobre su respuesta a esta pregunta porque no parece que haya respondido directamente, pero muchos que han estudiado extensamente su trabajo concluyeron que sí. Einstein creía que el universo es un lugar amigable. Una vez dijo: "La emoción más hermosa y profunda que podemos experimentar es la sensación de lo místico. Es la semilla de toda ciencia verdadera. Aquel para quien esa emoción es ajena, aquel que ya no puede maravillarse y extasiarse ante el miedo, vale tanto como un muerto". [3]

ELIGIENDO TU PERSPECTIVA

Los sistemas de creencias de las personas evolucionan como resultado de sus experiencias de vida y del significado que les dan a esas experiencias. En las cosas que suceden; les asignan un significado a esos eventos y, con el tiempo, se desarrolla una lente cognitiva que se convierte en la base para interpretar todo lo que sucede.

Debido al sistema selectivo de filtrado del cerebro, a menudo denominado "activación/inhibición", cuando el cerebro está preparado por una determinada creencia para buscar algo, apaga las redes neuronales en competencia, por lo que en realidad tiene dificultades para ver pruebas en contra de una creencia ya existente. Es por eso que las personas que están deprimidas ven un mundo más deprimente. También es por eso que estás tan convencido de que tu visión del mundo es la "verdad". Lo que la mayoría de las personas no se dan cuenta es que participan en la creación de su propia versión de la verdad. [4]

Tienes la capacidad de elegir en qué creer. Al igual que ocurre con otras personas, tu sistema de creencias evolucionó con el tiempo y se basó en opiniones que formaste subconscientemente. Puedes ver el mundo que te rodea como amigable u hostil, esperanzador o desesperanzador, amable o cruel, o de innumerables otras formas. Probablemente dirías que es una combinación de ambas cosas, y no estarías equivocado en una interpretación objetiva del mundo. Sin embargo, cuando se trata de los detalles subjetivos de nuestras vidas, nos posicionamos de un lado o del otro en cuanto a cómo evaluamos las experiencias de vida. En cada circunstancia, elegimos relacionarnos con la situación con fe o miedo, con una mentalidad positiva o negativa. Piensa en algo en tu vida que quieras cambiar. ¿Cómo describirías tu perspectiva al respecto? ¿Hay un optimismo subyacente o es uno de pesimismo?

Es importante saber que puedes cambiar tus creencias. ¿Necesitan ser cambiadas? La respuesta a esa pregunta depende de cómo tu sistema de creencias existente te sirve en la actualidad. Las creencias del Dr. Goswami comenzaron a cambiar cuando vio que la ciencia por sí sola no podía abordar aspectos específicos de sus relaciones con su familia. Tuvo la integridad intelectual para estar abierto al cambio. ¿Estás dispuesto a abrirte a la posibilidad de que algunas de tus creencias puedan ser miopes o incluso equivocadas? El primer paso para conocer la verdad que te liberará es reconocer que puede haber cosas fuera de tu marco de referencia actual que son reales e importantes, aunque no las hayas aprendido antes. Aquellos que han estudiado los niveles de competencia en la vida están familiarizados con la incompetencia inconsciente. Es donde ni siquiera sabemos lo que no sabemos. No tener conciencia y ser ciego a ciertas cosas. Hay áreas como esa en todas nuestras vidas. Tal vez lo primero y más importante que necesita cambiar no sea tu situación, sino lo que crees sobre ella. Una ilustración de cómo esto podría funcionar es el cubo de Necker.

El cubo de Necker es una ilusión óptica publicada por primera vez en 1832 por el cristalógrafo suizo Louis Albert Necker. Es un dibujo bidimensional simple de un cubo sin pistas visuales sobre su orientación, por lo que puede interpretarse que tiene varios paneles como su lado frontal. Mira el cubo a continuación e identifica el panel frontal del cubo. ¿Cuál es?

. . .

El hecho es que las personas no responden todas a esa pregunta de la misma manera. La respuesta depende del ángulo del cubo que elijas ver. Al observarlo desde una orientación, creerás que un panel es el frente. Sin embargo, si cambias el ángulo y ajustas tu vista, creerás que otro panel está enfrente. Trata de verlo desde las esquinas superiores izquierda o inferior derecha. ¿Puedes ver cómo parece cambiar?

Cambiar lo que crees sobre qué panel está al frente implica hacer un cambio mental en tu mente. Como muestra la ilustración, puedes verlo de ambas formas según cómo elijas verlo. Puedes cambiar cómo percibes el cubo cambiando tu orientación hacia el. Según elijas relacionarte con el cubo te hará creer que uno u otro panel está al frente. Puedes cambiar tu evaluación simplemente mirándolo de manera diferente. El cubo no cambia. Tú sí.

Este principio no solo se aplica a los cubos, sino también a las circunstancias de la vida. Cambiar tu percepción altera tu realidad, y puedes decidir hacerlo consciente y cognitivamente. ¿Cuál es el panel frontal del Cubo de Necker? ¿En qué crees? Tú decides. Ambos existen simultáneamente en "superposición", pero el que se convierte en tu realidad depende de ti.

Permite que esta ilustración te señale hacia la verdad sobre la vida en general.

> Lo que esperas ver es el factor determinante que moldeará tu realidad. Tu expectativa se basará en una creencia arraigada en la fe o en el

miedo. Para ver las cosas de manera diferente, debemos creer de manera diferente.

¿Qué es lo que deseas ver en tu vida? Tu creencia es lo que influirá en gran medida en el resultado que experimentarás. Desde la perspectiva científica, ¿estás viviendo en un universo newtoniano, mecanicista, cerrado y separado? ¿Crees que las cosas te suceden a ti y eres víctima de circunstancias más allá de tu control? Recuerda que la lección del experimento de la doble rendija es que tu observación afecta el resultado. Entonces, ¿qué estás eligiendo ver y creer?

En Mateo 9, dos hombres ciegos siguieron a Jesús clamando: "¡Ten piedad de nosotros, Hijo de David!". Los versículos 28-29 dicen: "Cuando entró Jesús en la casa, los ciegos se le acercaron, y él les preguntó: ¿Creen que puedo hacer esto? Sí, Señor, le respondieron. Entonces les tocó los ojos y les dijo: Conforme a su fe, se les concederá". Jesús no intentaba darles a estos hombres una fórmula religiosa para hacer que sucediera lo que querían. Simplemente estaba declarando un principio universal de verdad que se aplica a la vida. La ciencia confirma las palabras de Jesús. Lo que crees dará forma a lo que obtienes.

Por ejemplo, si me levanto por la mañana pensando que será otro día terrible, es probable que así sea exactamente como resulte mi día. ¿Por qué sucedió eso? Porque eso es lo que creía. Mis creencias dirigieron mis pensamientos, y esa energía interna me conectó con el resultado externo. Jesús les dijo a los hombres ciegos: "Conforme a su fe, se les concederá". Lo mismo es cierto para todos nosotros. Nos elevamos o caemos al nivel de nuestras creencias.

Los hermanos Wright no inventaron el avión porque creían que iban a seguir paseando en un Chevrolet roadster o en un Modelo T el resto de sus vidas. Thomas Edison no creía que seguiría encendiendo velas en habitaciones oscuras para siempre. Avanzando hacia nuestro tiempo, Apple no se convirtió rápidamente en un negocio de billones de dólares porque Steve Jobs creía que el uso de la tecnología de los años setenta sería permanente. La vida cambia para las personas cuando creen en diferentes resultados.

DE ACUERDO A TU FE (CREENCIA) ASÍ SEA

Psicología Hoy reportó estudios que muestran cómo lo que tú crees probablemente ocurrirá. Por ejemplo, en un estudio donde se les dio a golfistas una pelota y se les dijo que estaba bendecida y era una pelota de la suerte, lograron hacer más golpes exitosos usando esa pelota que otra pelota. En otro estudio, los investigadores pudieron manipular los sabores que los participantes probaban agregando colorante alimentario. La gente creyó que comió lo que se les dijo basado en el color. Los fabricantes todavía lo hacen hoy en día. Por ejemplo, si compras pudín de vainilla en la tienda, la verdad es que probablemente no sea vainilla. En su lugar, tiene colorante alimentario amarillo, lo que hace que la gente piense que sabe a vainilla solo por el colorante agregado.

Ellen Langer, una profesora de Harvard, ha realizado algunos estudios brillantes en este campo. En un estudio, ella quería poner a prueba el poder de la creencia y cómo puede afectar la salud física. Entonces, les dijo a las amas de llaves de uno de los cuatro hoteles que su trabajo proporcionaba un excelente ejercicio y cumplía con las pautas de estilo de vida saludable. En los otros tres hoteles, no les dijo nada. Luego, se realizaron exámenes médicos a todos los trabajadores y se registraron los resultados.

Un mes después, se midieron las estadísticas de salud de las mujeres que no habían escuchado acerca de los beneficios para la salud de lo que hacían, y los resultados mostraron los mismos datos que cuando comenzaron. No hubo cambios medibles en absoluto. Pero las trabajadoras del primer hotel, donde creían que su trabajo contribuía al ejercicio saludable, habían perdido un promedio de dos libras, el 0,5% de su grasa corporal, y experimentaron una disminución del 10% en su presión arterial sistólica. Todo porque se les había dicho algo, y lo creían.

En el mundo científico, la evidencia empírica lo es todo. Estos estudios y experimentos han sido revisados por pares y duplicados repetidamente para asegurar la precisión de sus hallazgos. Esto es real. La evidencia muestra que lo que crees determinará en gran medida tus experiencias de vida. Puedes tomar el control de lo que eliges creer y verás una diferencia. Al igual que las diferentes posibles soluciones al mirar el cubo de Necker, las posibilidades en tu vida están sujetas a interpretación.

> Cada resultado potencial para tus circunstancias reside dentro del reino de Dios, donde todas las cosas son posibles. Ya está ahí, esperando manifestarse en tu experiencia a medida que tú te apropies de su realidad por medio de la fe, que es simplemente la creencia en acción.

. . .

El mundo científico está descubriendo y explicando cómo funciona la fe al brindar resultados de investigación como los que se analizan aquí. Así que, como ciudadanos del reino se nos ha dado información que nos ayuda a saber cómo vivir esta vida de Cristo dentro del reino de Dios mediante la aplicación de protocolos prácticos comprobados. ¡Qué emocionante es que tanto la voz de la fe como la ciencia estén de acuerdo en estas cosas! La fe ha sido considerada una superstición religiosa para algunas personas, pero ahora lo sabes. La fe no es más ni menos que la expresión de una creencia auténtica.

En Marcos 11:24, Jesús dijo que, si un hombre no duda en su corazón, sino que cree en esas cosas, se hará, y tendrá todo lo que ha creído. ¿Estaba hablando de psicología barata o pseudociencia? ¿O era simplemente pensamiento positivo auto impulsado? Por supuesto que no. Esto no es alguna enseñanza de la Nueva Era o filosofía oriental o pseudociencia. Esto es mecánica cuántica, y nos está ayudando a comprender cómo funciona el reino de Dios y cómo opera la Matrix. Es así como funciona el mundo porque Dios lo diseñó de esa manera. Recuerda, no se está poniendo a prueba la ciencia aquí porque ha sido repetidamente y suficientemente probada.

Creemos en las cosas de manera diferente al darnos cuenta de que, en la vida cuántica, no vemos para creer. En cambio, creemos y esperamos para poder verlo. La Biblia dice que la fe es la sustancia de las cosas que se esperan y la evidencia de las cosas que no se ven. La creencia te permite ver cosas manifestarse en tu vida que no has podido ver hasta ahora. Este regalo del Espíritu está disponible para todos nosotros de manera fácil.

LA CIENCIA DÉBIL GUIÓ A LA FE DÉBIL

Durante el alumbramiento, filósofos y científicos como René Descartes e Isaac Newton popularizaron la idea de un universo mecánico. Esta idea de que el universo funciona como una máquina, siguiendo leyes predeterminadas de la física que se aplican de la misma manera en todas partes y en todo momento, se convirtió en la comprensión predominante de la realidad. Se defiende que todo lo que sucede es el resultado de relaciones de causa y efecto. Es una visión determinista que dice que lo que sucederá y, cuando entendemos cómo funcionan las cosas, es completamente predecible. Una vez que sabemos cómo predecir los resultados, la gente tiende a querer intentar manipularlos y controlarlos.

Aunque esta perspectiva no es incorrecta en algunos aspectos de la realidad, falla en otros. Por ejemplo, si navegas por la noche sin instrumentos, la confiabilidad predecible de las estrellas puede ayudar a guiarte. Por otro lado, cuando se trata de cómo criar a tus hijos, pronto descubrirás la necesidad de otro enfoque. La ciencia de la causa y efecto es verdadera cuando se trata del aumento y la caída de la marea, el cambio de las estaciones, el movimiento de los planetas y otros fenómenos naturales. El problema surge cuando creemos erróneamente que se adapta igualmente a todas las partes de nuestra existencia.

El materialismo científico no deja espacio para lo místico. Se centra en lo físico, excluyendo lo metafísico. Presenta una visión lineal del mundo que puede ser comprendida y, en ciertos aspectos, manipulada y controlada. Como se mencionó en un capítulo anterior, consideremos cómo esta visión ha afectado la medicina.

Esta aproximación, que reduce el cuerpo humano a una colección de partes que pueden ser entendidas sin considerar a la persona completa, ha afectado la forma en que algunos médicos llegan a un diagnóstico y tratamiento médico. En lugar de abordar las causas subyacentes de la enfermedad, lo que podría requerir un enfoque más holístico de la salud, a menudo ha llevado a centrarse simplemente en tratar los síntomas. Además de abusar de los medicamentos y la cirugía para tratar enfermedades, esta estrategia reduccionista con frecuencia no tiene en cuenta los cambios en el estilo de vida y las terapias complementarias que tratarían a la persona completa. Se necesita un enfoque más integrador para la medicina, uno que busque el bienestar teniendo en cuenta a la persona completa, y afortunadamente, está siendo reconocido como el mejor enfoque hoy en día.

Otros campos que se han visto afectados por la visión mecanicista del universo incluyen la física, la química, la biología y la psicología. La idea del universo como una máquina ha hecho necesario que la física identifique las leyes que rigen el comportamiento del universo. Lo que sucede en el cuerpo a nivel molecular a menudo se diagnostica utilizando marcos mecanicistas. Comprender las interacciones entre las partes de los seres vivos es la metodología principal en el enfoque mecanicista de la biología. Este mismo enfoque mecanicista ha llevado a desarrollar teorías en psicología que se concentran solo en los comportamientos observables y los procesos subyacentes que los llevan a cabo.

. . .

He mencionado los diferentes campos en los párrafos anteriores para que puedas ver cómo la creencia en un universo mecanicista ha tenido una influencia generalizada en muchas áreas de nuestras vidas. Parece que nada ha escapado al efecto de la ciencia de ayer, ni siquiera la religión.

La interpretación lineal de la vida que sugiere que la causa y efecto son la base de los resultados es omnipresente en la religión legalista.

En otros de mis libros y enseñanzas, a menudo he definido el legalismo como "el sistema de vida en el que creemos que tratamos de progresar espiritualmente o ganar las bendiciones de Dios en función de lo que hacemos". Esta definición muestra el modelo mecánico y lineal que subyace al legalismo. Un legalista cree que las bendiciones de Dios son el resultado de un proceso en el que tomamos medidas para lograr su favor. El paradigma legalista de la fe es afirmado por una ciencia débil que haría que todo fuera el resultado de causa y efecto, en detrimento de muchos creyentes sinceros pero equivocados.

Este es el mundo en el que viví hasta mediados de mis treinta años. Crecí en ese tipo de cultura de iglesia. De niño, nos enseñaron, y más tarde en la vida, yo enseñaría, que, si haces ciertas cosas, Dios responderá haciendo ciertas cosas para ti; Podías contar con ello. Haz esto y Él hará eso. Esta visión mecanicista de mi fe me llevó a rededicar constantemente mi vida a Dios, prometiendo esforzarme más para hacerlo mejor y poder lograr un progreso espiritual.

En el mundo determinista del legalismo, yo creía que, si leía mi Biblia consistentemente, oraba fervientemente, evangelizaba con valentía y daba generosamente, así como otras cosas que mi cultura religiosa priorizaba, entonces las cosas sucederían. Dios me bendeciría. Las bendiciones vendrían si dejaba de hacer las cosas incorrectas y comenzaba a hacer las cosas correctas. Arrepentimiento y rededicación, ese era el camino a seguir. Aunque la Biblia claramente dice que la bondad de Dios lleva al arrepentimiento (Romanos 2:4), yo pensaba que era el arrepentimiento lo que llevaba a la bondad de Dios. Desafortunadamente, gran parte del mundo cristiano todavía tiene esto al revés.

Esto es especialmente cierto entre aquellos que viven con una mentalidad errónea del Antiguo Pacto sobre la vida. El Antiguo Testamento está lleno de condiciones que debían cumplir tanto Dios como Israel. Era una relación sencilla, lineal, tú-haces-esto-y-yo-haré-aquello entre Dios y el hombre. Sin embargo, esto es importante: No vives bajo el Antiguo Pacto. Vives en un Nuevo Pacto, y este pacto no existe entre Dios y el hombre, sino entre el Padre, el Hijo y el Espíritu. No eres parte del pacto, sino simplemente un beneficiario nombrado. Tu parte no es más que recibir todo lo que se te ha dado en Cristo por fe. En el Nuevo Pacto, Él hace todo.

En el mundo científico materialista y lineal todo se trata de la causa y efecto, al igual que la religión legalista. El mundo cuántico es un mundo de saltos cuánticos que a menudo desafía el progreso secuencial.

> El mundo de la gracia es un Reino de bondad donde la cultura se basa en confiar en Él, no en esforzarse más, una sociedad de amor, no de leyes, un lugar construido en torno a una relación, no de reglas. En este mundo, Dios te bendice por Su bondad, no por la tuya.

Antes de que puedas cambiar eficazmente la forma en que ves tus circunstancias en la vida, puede ser necesario cambiar la forma en que ves a Dios. Si piensas en Dios como alguien que observa tu comportamiento y reacciona contigo según cómo actúes, esa forma de pensar necesita cambiar. La gracia es la bondad unilateral de Dios hacia nosotros, no debido a nada que hagamos o dejemos de hacer, sino simplemente porque Dios es amor, y eso es lo que hace el amor.

El cubo de Necker es una buena ilustración de cómo puedes replantear lo que crees acerca de la vida, pero la cruz de Jesucristo es la mejor ilustración de cómo puedes entender la naturaleza de Dios. Dios demostró su amor por nosotros al morir Cristo por nosotros, incluso cuando éramos personas perdidas, confundidas y rebeldes. Conociendo lo peor de ti, no escatimó nada para mostrarte cuánto te ama. Las Escrituras nos aseguran que Dios estaba en Cristo, reconciliando al mundo consigo mismo, sin contar sus transgresiones en su contra (2 Corintios 5:19).

. . .

¿Has transgredido cruzando la línea? Dios no cuenta tus transgresiones en tu contra. Él no lleva la cuenta y no retiene bendiciones de ti hasta que tu estilo de vida esté en la columna positiva. Vivir correctamente no genera gracia. Es al revés. "Porque la gracia de Dios se ha manifestado para salvación a todos los hombres, enseñándonos que, renunciando a la impiedad y a los deseos mundanos, vivamos en este siglo sobria, justa y piadosamente" (Tito 2:11-12, RV). La gracia enseña e inspira un estilo de vida piadoso. ¿Necesitas creer de manera diferente acerca de esto? San Juan Crisóstomo, el poderoso predicador y teólogo de los siglos IV y V, dijo acertadamente: "Si quieres cambiar tu forma de vida, primero debes cambiar tu forma de pensar". [5]

El poder de la creencia es uno de los aspectos más sorprendentes de la experiencia humana. Al elegir creer de manera diferente, tienes la capacidad de cambiar tu perspectiva, alterar tus percepciones y transformar tu vida. Si deseas experimentar la vida cuántica al máximo, determina dónde necesitas cambiar tus creencias y entonces, hazlo con entusiasmo.

Chapter 4

Habla Diferente: Transformación a Través de la Conversación

¡Abracadabra! “¡Quiero extender la mano y agarrarte!" dice la letra del éxito de 1982 de la Banda de Steve Miller. Luego, está la conocida invocación, "¡Abracadabra, ábrete sésamo!" con la que estamos familiarizados en las historias infantiles. ¿Quién no ha escuchado a un mago decir "¡Abracadabra!" en el clímax del truco, justo antes de que ocurra el efecto, demostrando que algo mágico está sucediendo?

Las palabras tienen poder. Por ejemplo, considera esa palabra: Abracadabra. Hay varias teorías acerca de su origen. El término ha estado presente durante siglos y hoy en día se utiliza principalmente de manera juguetona. Se puede rastrear hasta la frase aramea avra kehdabra, que se traduce como "crearé mientras hablo". Su significado enfatiza el poder de las palabras y su capacidad para moldear la realidad. Según esta teoría de su origen, la palabra "abracadabra" invoca la idea de que una persona puede lograr el efecto deseado simplemente pronunciando la palabra.

. . .

Una teoría más reciente y debatida sugiere que "abracadabra" tiene sus raíces en el idioma hebreo. Se cree que es una combinación de tres palabras hebreas: *ab* (padre), *ben* (hijo) y *ruach hakodesh* (Espíritu Santo), que al combinarse forman *"ab, ben, ruach hakodesh"*. Algunos sugieren que la forma abreviada es "abracadabra". Esta interpretación vincula la palabra al concepto de la trinidad y enfatiza la naturaleza espiritual de la invocación. No pienses que es una idea radical que las personas racionales no aceptarían. El teólogo de los siglos II y III, Tertuliano, creía que la palabra ayudaba a ahuyentar a los demonios. [1]

Durante el siglo II, el médico romano del emperador Sereno Sammónico, recetó la palabra como cura para la malaria. Más tarde, en el siglo III, el médico griego Galeno sugirió que la palabra se utilizaba como amuleto contra diversas enfermedades. En la tradición cabalística del judaísmo, la palabra se ha utilizado para invocaciones y hechizos.

He utilizado esta palabra controvertida no para convencerte de que tenga algún mérito en particular, sino para mostrar cómo, a lo largo de la historia, las personas han reconocido el poder de una sola palabra.

> El papel de las palabras habladas en la configuración de nuestra realidad externa es de gran interés tanto para la ciencia cuántica como para el cristianismo. Según ambas perspectivas, el poder de las palabras es enorme y afecta significativamente nuestro mundo externo.

. . .

Mientras que el cristianismo ha reconocido desde hace mucho tiempo la importancia de las palabras habladas y su capacidad para moldear nuestra realidad, en el último siglo, la ciencia cuántica ha comenzado a hablar sobre los mecanismos detrás de este fenómeno.

La ciencia cuántica defiende que nuestra realidad externa no está inmutablemente fija, sino que puede ser moldeada por nuestra participación. ¿Recuerdas el experimento de la doble rendija? Nuestra implicación influye en los resultados. Discutimos la importancia de ver de manera diferente en el capítulo dos. La observación es una herramienta que nos empodera para afectar la vida que experimentaremos, pero cuando se combina con el poder incrustado en nuestra conversación, surge un poder cuántico, nacido del Espíritu, que puede transformar nuestros mundos internos y externos. Observación más conversación, de hecho, produce transformación.

LAS PALABRAS CREAN TU EXPERIENCIA

En su libro, *Words Can Change Your Brain* (Las palabras pueden cambiar tu cerebro), el neurólogo Andrew Newberg y su coautor, Mark Robert Waldman, sugieren que "una sola palabra tiene el poder de influir en la expresión de genes que regulan el estrés físico y emocional." [2] Una palabra puede afectar tus genes. Eso es un poder serio. Utilizando datos conductuales y de resonancia magnética funcional de diecisiete personas que participaron en su estudio, los investigadores en 2019 encontraron que las palabras relacionadas con el dolor y las palabras negativas aumentaban la intensidad del dolor peor que el lenguaje neutral. En el experimento, las palabras relacionadas con el dolor crearon una respuesta más sólida en muchas áreas cerebrales, incluyendo la corteza cingulada anterior y la corteza prefrontal dorsolateral. [3] Hablando simplemente, la palabra equivocada empeoró el dolor. Ese fenómeno llevó al autor de un artículo de revista médica a sugerir que los médicos elijan cuidadosamente sus palabras al hablar con los pacientes sobre su diagnóstico y pronóstico.

Por ejemplo, se aconsejó a los médicos que usaran la frase "cambios normales de la edad" en lugar de "cambios degenerativos crónicos" y, en lugar de usar la palabra "inestabilidad", se les animó a decir "necesita más fuerza y control". [4] El argumento es que simplemente cambiar las palabras utilizadas al discutir problemas médicos puede afectar el éxito y la progresión de la curación. No es superstición ni fanatismo religioso ser cuidadoso acerca de cómo se habla de los problemas médicos. La ciencia ha demostrado que cómo se habla de ello marca una gran diferencia.

Otro ejemplo claro es un estudio publicado en la *Biblioteca Nacional de Medicina*. Esta investigación demostró que la forma en que un paciente percibía una condición médica se vería significativamente influenciada cuando se les decía que fue "causada" o "producida". Los investigadores lo llamaron "prosodia semántica". Dijeron que "los participantes dedujeron que un resultado médico ambiguo era más negativo cuando fue causado, un verbo con prosodia semántica negativa, que cuando fue producido, un verbo sinónimo sin prosodia semántica". [5] Estos científicos sostienen que la simple elección entre una palabra u otra hizo una diferencia en cómo las personas percibían su problema médico y, como ya se discutió en capítulos anteriores, lo que creemos tiene todo que ver con lo que obtenemos.

En otro estudio de 2021, se realizó una investigación con treinta y cuatro adultos jóvenes universitarios. Diecisiete estaban en buen estado de salud y diecisiete tenían inestabilidad crónica en el tobillo. Se les aplicó a ambos grupos una prueba de equilibrio reconocida y respetada. Sería natural suponer que el grupo con síntomas de esguince en el tobillo no tendría un buen desempeño, pero este experimento tenía una variable que cambiaba las cosas. Cuando los investigadores animaron al grupo diciendo "¡Vamos, vamos, vamos!", aquellos con inestabilidad en el tobillo mejoraron notablemente su rendimiento. La palabra "¡Vamos!" pronunciada con entusiasmo cambió el resultado. [6]

Hay una historia en el evangelio de Mateo en la que un centurión se acercó a Jesús y le pidió que sanara a su sirviente, que estaba paralizado y sufriendo. El hombre sentía que no era digno de tener a Jesús en su casa y creía en el poder de la palabra que Jesús pronunciaba. En Mateo 8:8, el hombre dijo: "Señor, no soy digno de que entres bajo mi techo. Pero solo di la palabra, y mi sirviente será sanado". Jesús se asombró de la fe del centurión; pronunció la palabra que el hombre había pedido y su sirviente fue sanado en ese mismo momento. Una palabra y alguien fue sanado.

Las palabras pueden conducir a resultados positivos, pero también pueden traer consecuencias negativas, según cómo se utilicen. Por ejemplo, considera el efecto del abuso verbal en una persona. El abuso verbal es una forma de crueldad emocional destinada a infligir humillación, denigración o miedo a otra persona. Es la intención de menospreciar a otra persona usando palabras como arma de elección.

El acoso (bullying) se ha convertido en una pandemia en la cultura actual. Según los estudios, uno de cada cinco estudiantes de secundaria sufre acoso en la escuela y uno de cada seis lo experimenta en línea. [7] No pienses que los estudiantes son las únicas víctimas de palabras dañinas. Un informe de 2021 señala que casi un tercio de los adultos en los Estados Unidos denuncian acoso laboral. [8] Todos estamos muy familiarizados con las noticias que hemos leído y escuchado sobre personas que se suicidan después de ser acosadas. Las palabras tienen poder.

El Dr. Bruce Lipton es un biólogo celular que ha investigado extensamente el impacto de las palabras habladas en las células. En su libro, *La Biología de la Creencia*, Lipton explica que las células no son solo los componentes básicos de nuestros cuerpos físicos, sino también el conducto a través del cual interactuamos con nuestro entorno. Escribió; "Las células no son solo pequeños robots orgánicos esperando recibir instrucciones de nuestros genes. Son seres inteligentes que interactúan con su entorno y entre sí, ajustando constantemente su comportamiento para adaptarse al cambiante mundo que los rodea. Y así como nuestras creencias, percepciones y experiencias pueden afectar la forma en que interactuamos con el mundo, ellas también pueden influir directamente en la forma en que nuestras células funcionan, dividiéndose y reproduciéndose o marchitándose y muriendo según los mensajes que reciben de nuestros pensamientos, sentimientos y palabras habladas". [9]

. . .

En un estudio, descubrió que cuando las células estaban expuestas a palabras y frases positivas, respondían creciendo y multiplicándose a un ritmo más rápido. Por otro lado, cuando las células estaban expuestas a palabras y frases negativas, su crecimiento y replicación se ralentizaban. Las palabras te afectan a nivel celular.

Otra historia bíblica ilustra este fenómeno. Es un momento en la historia de Israel cuando la gente todavía vagaba por el desierto. El incidente está registrado en Números 14 y describe la actitud de la gente, expresada por sus palabras. "¿Por qué nos lleva el Señor a esta tierra solo para que muramos a manos de la espada? Nuestras esposas e hijos serán saqueados", decían (14:3). Moisés, Aarón y Josué trataron de animarlos, "pero toda la asamblea habló de apedrearlos" (14:10). La gente se negó a cambiar su actitud y sus palabras. En los versículos 26-28, Dios les dice que sucederá exactamente como han dicho y que aquellos que "murmuraron contra mí" morirían en el desierto, tal como lo habían dicho.

> Ten cuidado cómo hablas, porque tus palabras son un pronunciamiento profético de cómo es probable que sea tu futuro.

El poder de la vida y la muerte, de hecho, está en las palabras que hablamos. Algunos permiten que sus palabras les sirvan, pero otros permiten que las palabras les saboteen o incluso los maten. Elige tus palabras con cuidado porque importan más de lo que muchos saben.

. . .

Además de su investigación sobre células, Bruce Lipton también ha estudiado el impacto de las palabras habladas en el cerebro. Él sugiere que las palabras y los pensamientos pueden crear cambios físicos en el cerebro, y las afirmaciones positivas y las visualizaciones pueden ayudar a reconfigurar las vías neuronales asociadas con creencias y patrones de pensamientos negativos. Desafortunadamente, el otro lado es que los pensamientos y palabras también pueden programarnos para resultados negativos que no queremos. La historia bíblica que describí anteriormente muestra a Israel experimentando esa realidad de una manera difícil.

Lipton escribió: "Las palabras son las unidades fundamentales de la creación. Una palabra representa una unidad de conciencia, y nuestro mundo se crea a través de la fusión de unidades de conciencia". [10] Esta idea se relaciona con lo que discutimos en el último capítulo sobre creer diferente. Si quieres cambiar tus creencias, cambia tus palabras.

La Biblia abunda en ejemplos de cómo la palabra hablada es el conducto de la creación. Por ejemplo, la narrativa del Génesis que describe la creación registra: "Y dijo Dios: 'Hágase la luz', y hubo luz" (Génesis 1:3, NVI). En los días siguientes, Dios habló a las cosas para que existieran. El cielo, los océanos, las plantas, los animales e incluso los seres humanos fueron pronunciados a manifestación. Está claro que cuando Dios habló, sucedieron cosas grandes.

Has sido creado a imagen de Dios y posees un poder creativo. Tus palabras tienen el poder de construir o destruir. Tu conversación da lugar a tu situación y crea la realidad que experimentas.

Cuando hablas de manera positiva anticipando un buen resultado, te alineas con la frecuencia del Amor Divino, y eso es lo que verás manifestarse. Cuando hablas negativamente, invocas un resultado diferente. Como lo demostraron los israelitas rebeldes, tus palabras afectan no solo a ti, sino también a las actitudes y expectativas de quienes te rodean.

El Dr. Joe Dispenza, investigador y experto en la intersección entre la neurociencia y la espiritualidad, también enfatiza el poder de las palabras para dar forma a nuestra realidad. En su libro, *Rompiendo el Hábito de ser tú Mismo*, dice que cada vez que usas tus pensamientos para iniciar un nuevo nivel de mente, cambias tu cerebro. Siempre que piensas un pensamiento nuevo, creas un nuevo patrón de circuitos cerebrales. Cada vez que pronuncias una palabra, emites una frecuencia que juega un papel en la creación de tu realidad. Dispenza cree que elegir conscientemente nuestros pensamientos y palabras puede remodelar nuestros circuitos cerebrales y crear una realidad más positiva para nosotros mismos. [11]

La Biblia está llena de ejemplos de personas confesando, declarando lo que creen y luego viéndolo suceder. Incluso experimentar la salvación en la vida de uno está vinculado a las palabras en las Escrituras. Romanos 10:9 dice: "Si confiesas con tu boca que Jesús es el Señor y crees en tu corazón que Dios lo levantó de entre los muertos, serás salvo". Las palabras expresan el corazón.

Cambia tu forma de hablar si deseas que algo diferente se manifieste en la vida. Cuando hables de manera diferente, volverás a cablear las vías sinápticas en tu cerebro y luego pensarás de manera diferente. Cuando pienses de manera diferente, creerás de manera diferente, lo que hará que actúes de manera diferente, y el poder unificado de esas cosas cambiará todo.

Si las circunstancias siguen saliendo mal para ti, ve hacia adentro, no hacia afuera.

> No esperes a que el mundo externo cambie a tu alrededor. El mundo no está en tu contra. Simplemente, las cosas suceden en un orden particular. El cambio necesita suceder internamente antes de que ocurra externamente.

La realidad que deseas ver manifestada en tu experiencia está incrustada en tus palabras. Esto es validado tanto por la ciencia como por la Biblia. En Mateo 16:19, Jesús le dijo al apóstol Pedro: "Te daré las llaves del reino de los cielos; y todo lo que ates en la tierra será atado en los cielos; y todo lo que desates en la tierra será desatado en los cielos". Jesús le dijo a Pedro que tenía el poder de afectar tanto al mundo natural como al sobrenatural. Tú tienes ese mismo poder.

Tus palabras agitan la energía en movimiento para facilitar las cosas que hablas. No somos víctimas, simplemente observando cómo la vida nos sucede, a menos que elijamos serlo. De acuerdo a tu fe, así te sea hecho. Así es como funciona la cultura del reino de Dios. ¿Ves cuán importantes son tus palabras? Proverbios 21:23 dice: "El que guarda su boca se guarda a sí mismo de problemas". Proverbios 15:4 dice: "El habla saludable es un árbol de vida". No permanezcas atrapado en una situación desesperada. Si el problema necesita cambiar más rápido para ti, comienza a prestar atención a lo que dices y cambia la forma en que hablas.

En Mateo 12:37, Jesús dijo: "Por tus palabras serás justificado y por tus palabras serás condenado". Algunos han interpretado esto como una sugerencia de que Dios te justificará o condenará en base a tus palabras, pero eso no es lo que significa. Ni siquiera es lo que dice. Jesús dijo que serás justificado o condenado por tus palabras. No es Dios quien te juzga por tus palabras, sino tus palabras las que te justifican o te juzgan en tu experiencia de vida. Lo que dices afecta todo. Tu conversación lleva a la creación de tus experiencias de vida.

¿ERES UN HIPOCRITA?

Cuando empiezas a hablar positivamente, pero tu cerebro ha sido entrenado para pensar negativamente, puede parecerte hipócrita, pero no lo es. El origen de la palabra "hipócrita" denota a una persona actuando en un escenario". Usan una máscara y pretenden ser alguien diferente a quien son. Lejos de ser hipócrita, cuando hablas de una manera coherente con quien realmente eres, te estás comportando como tu verdadero yo. No es hipocresía. Es fe.

Habla como lo que eres. Toma el control de tus sentimientos. Alinea tus pensamientos y palabras con la mente de Cristo y conviértete en un colaborador junto con Dios en la creación de tu realidad. "Vivimos en un universo participativo", dijo el físico

John Wheeler. Entonces, no te dejes llevar, no permitas que las creencias y patrones subconscientes dicten tu vida.

> Como hijo de Dios, es hipócrita pensar y hablar de una manera que contradice la bondad de Dios. Eso no es quién eres.

Es hora de "derribar argumentos y toda altivez que se levanta contra el conocimiento de Dios, y llevar cautivo todo pensamiento para hacerlo obediente a Cristo" (2 Corintios 10:5). No permitas que las voces de tu pasado dicten la narrativa interna de tu vida. "Haya, pues, en vosotros este sentir que hubo también en Cristo Jesús" y sé animado por el mismo Espíritu que resucitó a Cristo de entre los muertos.

No hay obstáculos en tu vida que sean insuperables. ¿Qué montaña estás enfrentando? Jesús habló sobre el asunto y dijo: Les aseguro que, si alguno le dice a este monte: "Quítate de ahí y tírate al mar", creyendo, sin abrigar la menor duda de que lo que dice sucederá, lo obtendrá. (Marcos 11:23, NVI). Esas son las palabras de Jesús. ¿Qué vas a hacer con ellas?

La tarea parecía abrumadora cuando Zorobabel se enfrentó a la reconstrucción del templo después de que Israel regresara del exilio. Dios habló al profeta Zacarías al respecto, y le dijo a Zorobabel cómo abordar el desafío. "'No por fuerza ni por poder, sino por mi Espíritu', dice el Señor Todopoderoso. '¿Qué eres, oh gran monte? Ante Zorobabel te convertirás en llanura; él sacará la piedra principal entre aclamaciones de '¡Gracia, gracia a ella!'" (Zacarías 4:6-7). ¿Cuál fue el camino a seguir? Era gritar "¡Gracia! ¡Gracia! ¡Gracia!" en la cara de la situación.

La gracia es la capacidad divina de hacer lo que se nos ha dado para hacer. Zorobabel debía enfrentar el desafío y hablar con entusiasmo a la situación. El Dr. Joe Dispenza explica la ciencia detrás de esto en su libro, *Rompiendo Las Cadenas Del Ser*. Describe cómo las palabras que hablamos cambian nuestra realidad interna, lo que lleva a la transformación de nuestra realidad externa. ÉL Aboga que cuando hablamos afirmaciones y palabras positivas, activamos redes neuronales específicas en el cerebro que influyen en nuestros pensamientos, sentimientos y acciones. Describe cómo nuestras palabras afectan nuestro entorno y las personas que nos rodean al poner en marcha la energía vibratoria necesaria para cambiar las cosas. [12]

HABLA A LAS COSAS

Para muchas personas parece extraño ver cómo Jesús empleó las palabras para hacer que las cosas sucedan. Habló al viento, a los árboles y a los cuerpos enfermos en su ministerio terrenal. Habló a las cosas. Al principio, puede parecer tonto hablar con objetos si vienes de un trasfondo similar al mío. Pero Jesús lo hizo. Cuando la gente lo hace hoy en día, todavía tiene un efecto. Por ejemplo, la gente habla con sus plantas y la ciencia ha demostrado que las palabras positivas estimulan el crecimiento de las plantas.

Hace cien años, el Dr. George Lakhovsky realizó un experimento utilizando palabras habladas para determinar cómo afectarían las palabras al crecimiento de las plantas. En este experimento, utilizó un dispositivo simple construido a partir de una bobina de alambre y dos electrodos para generar ondas electromagnéticas de alta frecuencia que creía que podían estimular el crecimiento.

Luego habló varias palabras en el dispositivo. Observó que las plantas expuestas a palabras como "saludable" crecían más rápido que las expuestas a la palabra "muerte". Concluyó que las ondas electromagnéticas producidas por el dispositivo amplificaron la vibración de sus palabras habladas y afectaron el crecimiento de las plantas. [13]

Otros han realizado experimentos similares desde entonces. Por ejemplo, Mónica Gagliano realizó una investigación en la década de 2010 en la que expuso plántulas de guisantes a una variedad de sonidos, incluyendo palabras habladas en diferentes idiomas. Gagliano informó que las plántulas de guisantes podían distinguir entre diferentes idiomas y crecían hacia la fuente del idioma hablado con más frecuencia, lo que sugiere que las plantas pueden percibir y responder al habla humana.

Dorothy Retallack realizó una investigación en la década de 1970 a través de un experimento en el que expuso plantas a diferentes géneros de música y palabras positivas o negativas y registró sus patrones de crecimiento. Retallack informó que las plantas respondieron de manera diferente, según a lo que fueron expuestas, lo que sugiere que las diferentes vibraciones de la música y las palabras pueden tener un impacto medible en el crecimiento de las plantas.

. . .

Aunque algunos en la comunidad científica disputan los hallazgos de estos experimentos, el número de pruebas realizadas y los investigadores que respaldan sus hallazgos es demasiado grande como para ser ignorado. Una cosa que sabemos es que la Biblia dice que cuando Jesús habló a un árbol de higos y lo maldijo, se secó en cuestión de horas. También sabemos que, mediante sus palabras, calmó el viento durante una tormenta. Destruyó enfermedades hablando a ellas. Hablar a las cosas puede parecer extraño, pero es lo que Jesús hizo, así que puede que necesitemos practicarlo y ver qué sucede. A continuación, se presentan algunas afirmaciones que puedes decir para comenzar a avanzar en la dirección correcta. Estas palabras tienen poder, así que diles en voz alta y libera su energía hacia ti mismo y el mundo que te rodea. Ve a lo más profundo de tu corazón para sacar la emoción, apasiónate por estas afirmaciones como si las creyeras.

- Soy una expresión de la Energía Divina que posee la capacidad creativa de cambiar mi vida.
- No me falta nada, y ya tengo todo lo que necesito para vivir la vida que fui creado para conocer y disfrutar.
- Los cambios que he querido ver en mi vida están hechos. Se han consumado. Solo necesito ajustar mi conciencia para ver lo que es real ahora.
- Mi perspectiva se adentra más en la verdad eterna todos los días, y mi experiencia sigue el mismo camino.
- Mi estado externo de ser está cambiando en sincronía con el progreso de mi estado interno de ser.

Considera escribirlos para poder repetirlos todos los días. Además, crea tus afirmaciones basándote en las situaciones de tu vida, ya que todos tienen necesidades y circunstancias únicas. Las afirmaciones son poderosas, así que colócalas donde las veas diariamente y repítelas. Esto no es magia, aunque pueda parecerlo para aquellos que no lo entienden. Es ciencia. Puedes cambiar tu mundo cambiando tus palabras. Alinea tu estado interno con el fundamento eterno del Ser, que es Amor, y luego habla como si lo creyeras. Vives en el Campo del Favor. El Reino de Dios es el Reino de la Bondad. Visualízate viviendo allí. Alinea tu frecuencia con la fe controlando tus palabras. Tu conversación puede llevar a la transformación. Habla de manera diferente y observa lo que sucede.

Chapter 5

Piensa Diferente: Reconfigurando Tu Cerebro

La historia de la Fuente de la Juventud es un relato cautivador del historiador griego antiguo Heródoto. La historia cobró fuerza durante la exploración española de Florida a principios del siglo XVI. Cuenta sobre un manantial o fuente que tenía el poder de restaurar la juventud y la vitalidad a cualquiera que bebiera de ella, invirtiendo los efectos del envejecimiento y prolongando la vida indefinidamente. Según la leyenda, la fuente fue descubierta por el explorador español Juan Ponce de León a principios del siglo XVI. Ponce de León estaba buscando una fuente mágica que supuestamente tenía el poder de restaurar la juventud a cualquiera que bebiera de ella. Exploró la costa de Florida y finalmente desembarcó cerca de lo que ahora es San Agustín. Mientras buscaba la fuente, Ponce de León se encontró con la gente Timucua, quienes le hablaron de una fuente con poderes mágicos. Nunca encontró la fuente y su búsqueda se convirtió en un cuento legendario que cautivó la imaginación de muchos. El mito de la Fuente de la Juventud se ha popularizado en la literatura, el arte, el cine, y se ha convertido en un símbolo de la eterna juventud y el deseo de inmortalidad.

. . .

La realidad que nos recuerda el espejo, es que la idea de mantenerse joven para siempre puede resultar atractiva, pero, aunque lo deseemos, el reloj sigue avanzando y los meses y los años en el calendario siguen cambiando. Simplemente no es posible ser joven de nuevo una vez que los años nos han atrapado. ¿O sí lo es?

¿Existen áreas de tu vida que parecen estar fijas hasta tal punto que no pueden ser cambiadas? ¿O es posible cambiar nuestras vidas para que ocurran cosas que antes ni siquiera considerábamos remotamente posibles? La respuesta es que, en el mundo cuántico, todo es posible. Después de todo, estamos hablando de una Matrix de Milagros donde "todo es posible para el que cree" (Marcos 9:23).

Comienzo esta discusión con la idea de revertir la edad y volver a ser joven porque es personal. Mientras escribo estas palabras, soy lo que la sociedad considera "un anciano" en la vida. En poco más de un año, alcanzaré la séptima década en esta carrera llamada "la experiencia humana". ¿Pueden retroceder las manecillas del reloj? ¿Está la Fuente de la Juventud por ahí en alguna parte cerca? Según se dice, Ponce de León la buscó en Florida, y es donde vivo, así que, si alguien tiene buena información sobre su ubicación, por favor háganmelo saber para que pueda ponerla en mi GPS y dirigirme allí inmediatamente.

Utilizo este ejemplo alegre para establecer el tono de este capítulo. ¿Es posible ser más joven? Por supuesto, la respuesta obvia es no. Sin embargo, no te apresures a descartar la posibilidad. Seguramente, si se pudiera demostrar que un anciano puede volver a ser joven, eso te motivaría a pensar que cualquier cosa es posible en tu vida, ¿no es así?

Ellen Langer es profesora de psicología en la Universidad de Harvard. En su libro, Contra el Reloj, describe un experimento que realizó con un grupo de hombres mayores. Langer describe cómo decidió ver si podía retroceder el tiempo para estos hombres, todos ellos en sus setenta años. [1]

Ella dijo: "Decidimos recrear el mundo de 1959 y pedir a los sujetos que vivieran como si fuera ese periodo de tiempo". Para llevar a cabo el experimento, Langer entró en un edificio y lo rediseñó para reflejar el año 1959. El edificio estaba amueblado con televisores, muebles, revistas, libros en blanco y negro de la década de 1950. No se escatimó ningún esfuerzo para crear un portal temporal visual que llevara la mente de una persona a ese tiempo. Luego envió a ocho hombres en sus setenta años a alojarse allí.

En un artículo de la revista New York Times, Bruce Grierson describió lo que sucedió. "Ocho hombres en sus setenta años salieron de una camioneta frente a un monasterio convertido en New Hampshire". Caminaron hacia adelante. Algunos de ellos son teóricamente astutos, un par con bastones. Luego pasaron por la puerta y entraron en un túnel del tiempo. Perry cantaba en la radio antigua. Ed Sullivan dio la bienvenida a los invitados en una televisión en blanco y negro. Todo en el interior, incluyendo los libros en los estantes y las revistas tiradas alrededor, estaba diseñado para evocar 1959. El lugar renovado se convirtió en el hogar de estos hombres, todos mayores de setenta años. Cuando llegaron al edificio, se les dijo que no sólo debían discutir la era pasada, sino actuar como si fueran sus propios yo de antaño. Langer les dijo que, si tenían éxito, sentirían como si fuera en 1959. Desde ese momento, se les trató como si tuvieran la edad que tenían en 1959 en lugar de su edad actual. Muchos se encorvaron y usaron bastones para caminar, pero no se les ayudó a subir sus pertenencias a la planta de arriba. Los investigadores les pidieron que las subieran una prenda a la vez, si era necesario. Pasaron sus días escuchando programas de radio, viendo películas, discutiendo sobre deportes y otros eventos actuales de esa época. No podían discutir nada después de 1959 y tuvieron que referirse a sí mismos, a sus familias y a sus carreras como eran entonces. El objetivo del estudio era estimular mentalmente al cuerpo para que exhibiera la energía y las respuestas biológicas de una persona mucho más joven. [2]

Al final de cinco días, estos hombres mostraron una mejora notable en su audición, vista, memoria, destreza y apetito. Algunos que llegaron con bastones y necesitaban ayuda de sus hijos, dejaron el edificio por su propia cuenta cargando sus propias maletas. El sesenta y tres por ciento tuvo puntajes más altos en el examen de inteligencia al final del experimento que al principio. Un grupo independiente de voluntarios examinó fotografías antes y después del grupo experimental y estimó que los hombres en las fotos posteriores tenían en promedio dos años menos que los de las fotos anteriores. Sólo había pasado una semana. En el último día del estudio, Langer escribió,"Los hombres que parecían tan frágiles apenas unos días antes terminaron jugando un juego de fútbol americano improvisado en el césped delantero".

LA MAGIA DE LA NEURO PLASTICIDAD

El experimento de Langer y su cuerpo robusto de investigación muestran cómo la vida puede ser radicalmente transformada al pensar de manera diferente. Los hombres mayores en su experimento eran los mismos que entraron al edificio una semana antes, ¿o no? Podría argumentarse razonablemente que, en cierto sentido, salieron hombres más jóvenes de los que entraron.

> Así es como funciona la ciencia de la vida. Dentro del Reino de Dios, cosas que desafían la lógica de muchas maneras pueden suceder.

Hasta la década de 1980, el consenso científico era que el sistema nervioso humano es fijo. Uno madura, se desarrolla y luego alcanza el punto donde el crecimiento se detiene. La progresión de las neuronas en el cerebro se consideraba una de las más activas durante el período de desarrollo prenatal. Se creía generalmente que esas neuronas se atrofiarían a medida que envejecemos y nuestro pensamiento disminuiría. Los científicos ahora saben que eso es falso y que las neuronas pueden ser agregadas y reemplazadas durante toda la edad adulta.

Tal vez estés pensando: "Espera un momento". Lo he presenciado con mis abuelos. Lo he visto con mis padres. Lo he visto con mis amigos. Incluso lo he experimentado yo mismo. ¿Te has dado cuenta de que no eres tan lúcido como solías ser? Tu memoria ya no es la misma de antes y tus habilidades no son lo que solían ser.

. . .

¿Estás abierto a una perspectiva que quizás no hayas considerado? Puede que hayas visto, creído y hablado sobre tu vida de una manera que le ha dado poder a tu situación, como se discutió en capítulos anteriores de este libro. Recuerda que tu papel en la formación de tu propia realidad es importante.

> El psicólogo lo llamaría "profecía autocumplida". El predicador lo llamaría "sembrar y cosechar". Un científico podría decir que es "resonancia cuántica". Llámalo como quieras, pero el punto es que nuestros pensamientos afectan profundamente nuestras vidas y el mundo que nos rodea. Ya sea que lo llamemos profecía autocumplida, sembrar y cosechar o resonancia cuántica, el mensaje es claro: no debemos subestimar el poder de nuestras palabras.

El Apóstol Pablo dijo en Romanos 12: "Transformaos mediante la renovación de vuestra mente". Según la Escritura, tu vida puede experimentar una metamorfosis milagrosa a través de una mutación mental. En el mundo de la ciencia, se llama "neuro plasticidad". La neuro plasticidad se refiere a la capacidad del cerebro para cambiar y adaptarse a lo largo de la vida de una persona en respuesta a nuevas experiencias, estímulos y aprendizajes.

Implica la habilidad del cerebro de reorganizar las conexiones neuronales, formar nuevas vías neuronales y modificar las existentes.

. . .

La ciencia misma ha demostrado que nunca es demasiado tarde para regenerar las neuronas de tu cerebro y pensar de la manera correcta. Las personas mayores tienen problemas debido a cómo piensan acerca de la vida, ellos mismos y sus habilidades, pero no hay razón científica o bíblica para disminuir. Tu cerebro puede renovarse continuamente. La neuro plasticidad es real. Eres un colaborador junto con Dios; por lo tanto, puedes crear nuevas neuronas en tu cerebro. No te permitas convertirte en víctima de lo que Zig Ziglar solía llamar "pensamiento negativo". La ciencia ha demostrado que cuando cambias tu forma de pensar, a cualquier edad, puedes cambiar cómo experimentas la vida.

Los cerebros contienen miles de millones de neuronas. Los pensamientos suceden porque un impulso eléctrico salta de una neurona a otra, y esto se llama "sinapsis". La vía sináptica es el camino que recorren las neuronas que se disparan. Piénsalo como un árbol de Navidad con luces. Cada bombilla es una neurona, y el cable que las conecta es la vía sináptica. Tus pensamientos corren por esta vía, y tus neuronas se disparan mientras piensas. Puedes cambiar tu cerebro cambiando tus pensamientos. Puedes controlar qué neuronas se disparan. ¿Cómo haces eso? A través de la intención deliberada. Se trata de aprender a pensar de manera diferente. Donde va la atención, fluye la energía. Si queremos reorganizar nuestros cerebros y, en consecuencia, cambiar nuestra experiencia en este mundo, necesitamos cambiar la forma en que nuestras neuronas se disparan juntas. El axioma científico dice que las neuronas que se disparan juntas, se conectan entre sí. La Escritura lo explica diciendo: "Porque cuál es su pensamiento en su corazón, tal es él" (Proverbios 23:7, RV). Cuando piensas en algo, una neurona corre por esa vía; se dispara un pensamiento, luego un impulso eléctrico corre a la siguiente neurona, que también se dispara. Esto crea un patrón fijo al repensar repetidamente los mismos pensamientos.

El cerebro de una persona está conectado por su forma de pensar, y es impresionante saber que el cerebro puede ser reconectado. Algunas personas han tenido horribles accidentes donde parte de su cerebro fue destruido. Los médicos han descubierto que el cerebro puede reconfigurarse, pasando por partes dañadas o destruidas. El cerebro es un órgano impresionante dentro del cuerpo, y la creación de Dios es increíble. Puedes fortalecer la conexión entre las neuronas. Piensa en ello de esta manera. Cada neurona es un píxel, y cuanto más alto sean los píxeles, más clara será la imagen. Entonces, piensa en las neuronas de tu cerebro como píxeles. Tus pensamientos se unen y los fortalecen. La imagen de tu vida se forma por el disparo de neuronas en tu cerebro. Puedes haber creado una vía sináptica en tu cerebro físico si piensas de una manera dañina que no es constructiva, sino destructiva. Probablemente hayas unido puntos dispersos en una página en tu infancia. Una vez que los conectas, aparece la imagen. De la misma manera, tienes neuronas en tu cerebro. Cuando el impulso eléctrico del pensamiento viaja de una neurona a otra, eventualmente dibuja una imagen. Esto crea tu percepción del mundo, de ti mismo, de los demás y de las circunstancias. Crea tu percepción de la realidad.

> Entonces, si has pensado de maneras que no son compatibles con tu fe en la bondad de Dios, sino de maneras dañinas en lugar de útiles, es posible que hayas construido una imagen distorsionada. Lo hiciste sin saberlo. Ahora, lo

que estás viendo y creyendo que es exacto,
puede que no lo sea.

En cambio, es solo tu percepción debido a tus pensamientos negativos repetidos.

Ten la seguridad de que puedes levantarte, tomar el control y ver las cosas de manera diferente al pensar de manera diferente sobre ellas. Entre más se disparan las neuronas juntas, más se disparan intensamente, y crean tu percepción de lo que está sucediendo. Crean una percepción de tu propia realidad. Los neurobiólogos han demostrado a través de la investigación que podemos tomar el control al pensar de manera diferente. Podemos controlar nuestra percepción de la realidad cambiando nuestros pensamientos. Estas neuronas tienen plasticidad, o la capacidad de cambiar.

"Transformaos mediante la renovación de vuestra mente". Al examinar la palabra "transformar", el prefijo es "trans" y significa "a través", como en transcontinental, que significa cruzar el continente. Ser transformado significa salir de la forma en la que has estado, cruzar y salir del marco. Entramos en este mundo con una forma específica ya establecida para que la aceptemos. Tu cultura, familia, maestros y amigos formaron la tuya. Muchos factores contribuyen a la forma de tu vida. Nuestro pasado puede ser una buena razón por la cual estamos donde estamos, pero nunca es una buena excusa. Tenemos la capacidad de transformarnos cambiando nuestros pensamientos.

CONDUCIENDO TAXIS NEGROS

Los conductores veteranos de los famosos taxis negros en Londres, Inglaterra, se han memorizado el mapa de Londres. Hay 25,000 calles y miles de puntos de referencia, y estos conductores de taxis negros los conocen todos de memoria. Han desarrollado este mapa en sus cerebros, incluso el orden de los teatros en el distrito teatral.

Un estudio realizado por investigadores del Universidad del Colegio de London estudió los cerebros de estos conductores de taxis. Descubrieron que tenían hipocampos posteriores más grandes, que están asociados con la navegación espacial, en comparación con los sujetos de control en el experimento. En pocas palabras, eran más inteligentes en la navegación. Los datos de investigación de la imagen mostraron que los cerebros de los conductores de taxis diferían de los cerebros de la persona promedio. La corteza visual-espacial era más gruesa. La investigación validó que, si practicas algo consistentemente, alterarás tu cerebro y cambiarás la estructura asociada de tus pensamientos. [3]

La corteza visual-espacial de su cerebro se alteró porque se enfocaron repetidamente en la disposición geográfica de la ciudad de Londres. Estos conductores ahora tienen "sistemas GPS" en sus cerebros. Pueden acceder a ello cuando quieran. Es como una aplicación de software mental para ellos. Si ese tipo de navegación mental es posible al conducir, ¿no podemos hacerlo tú y yo al navegar situaciones en nuestras vidas? ¿Nos podría servir para navegar en asuntos relacionados con nuestra familia, salud, finanzas y creencias espirituales sobre quién es Dios, quiénes somos y quiénes son los demás?

. . .

Dios no solo puso esta capacidad dentro de las personas para que los conductores de taxi puedan conducir con más facilidad. Es mucho más grande que eso. Puedes alterar todo en tu vida, desde tu actitud hacia el envejecimiento hasta tus relaciones, carrera, metas y fe. El poder de Cristo en ti te permite cambiar cómo piensas, lo que resulta en un cambio en cómo vives. Al reconfigurar tu cerebro, puedes co-crear tu propia experiencia de realidad.

LA PRACTICA HACE AL MAESTRO

En un estudio de la Escuela de Medicina de Harvard de 2007, se les pidió a los voluntarios en un laboratorio que aprendieran y practicaran un ejercicio de piano de cinco dedos. Un neurocientífico instruyó a la mitad de los voluntarios que tocaran con fluidez, siguiendo el metrónomo a sesenta latidos por minuto. Se les pidió que lo hicieran dos horas al día durante cinco días. A la otra mitad se les dijo que pensaran en practicar el piano, manteniendo sus manos quietas mientras tocaban la música en sus mentes. Después de cinco días, ambos grupos se sometieron a una prueba de estimulación magnética transcraneal. Esto permitió a los científicos ver y evaluar las funciones de las neuronas. Los resultados de la prueba mostraron que, en ambos grupos, la extensión de la corteza motora dedicada a estos movimientos de los dedos se apoderó de las áreas circundantes y se expandió. El hallazgo confirmó numerosos otros estudios que mostraron que el aumento del uso de un músculo en particular hace que el cerebro dedique un mayor crecimiento cortical a el. En otras palabras, la práctica continua reconfigura el cerebro. [4]

Lo más notable es que la misma parte del cerebro se expandió en la misma medida en los voluntarios que solo pensaron en tocar el piano que en aquellos que se sentaron a tocarlo. Ese estudio de investigación tiene dos implicaciones importantes. Primero, el entrenamiento mental puede cambiar la estructura física del cerebro. Segundo, en cuanto a cómo responde el cerebro, no distingue entre ejercicios reales o imaginados. Respondió de la misma manera en ambos casos. Aquellos que se sentaron al piano y practicaron y aquellos que solo imaginaron que estaban practicando el piano vieron los mismos resultados. Piense en las implicaciones de eso para su vida.

¿Alguna vez ha tenido pensamientos sobre lo que podría ocurrir en tu vida, anticipando lo peor? Lo vive tres veces en tu mente cuando lo haces. Al imaginar algo que sucede, tu cerebro reacciona como si ya estuviera sucediendo. Primero, habrá una liberación de cortisol y adrenalina solo al pensarlo. Luego, si lo que has imaginado sucede, tu cerebro reaccionará volviendo a liberar esas mismas hormonas y químicos.

Curiosamente, tu cerebro sigue actuando igual después de que el evento pasa y lo recuerda. Preocuparse es problemático porque la mayoría de las cosas por las que nos preocupamos nunca ocurren o no ocurren como pensamos que sucederá. Preocuparse hace que lo viva y lo experimente tres veces. La mente de una persona, sus neuronas disparando y sus percepciones imaginarias de lo que será la realidad, lo que es o lo que fue, impactan profundamente en la calidad de nuestras vidas. Sin embargo, no somos víctimas impotentes, sino que podemos abordar y cambiar el problema.

¿Estás convencido de que puedes cambiar tu percepción de la realidad? Puedes visualizar la nueva realidad en tu mente, creer en ella, hablar de ella, cambiar la forma en que piensas al respecto y, según tu fe, así sea. Recuerda que esto no es una psicología de la cultura popular o una locura religiosa, es ciencia y bíblica, así que, aduéñate de esto y comienza el proceso hacia la transformación que deseas.

Incluso, si es una fe negativa, lo que imagines que sucederá es lo que sucederá. Job dijo que lo que temía le sucedió.

> El miedo no es más que una fe dirigida en la dirección equivocada, y funciona tan fácilmente como la fe positiva.

No mantengas una realidad que no quieres, y elige activamente pensar de una manera diferente. Los cambios en la vida que deseas no vendrán a través de la pasividad. Es poco probable que recibas un golpe de Dios sin reconocimiento y respuesta de tu parte. La gracia es la capacidad divina para que te vuelvas responsable. Cuando Jesús sanó a un hombre, le dijo: "Toma tu cama y camina". La sanidad llega, pero somos participantes en el proceso mientras dependemos del poder de Su vida que habita en nosotros. El proceso continuo de renovación de la mente nos transforma a medida que practicamos lo que la Biblia enseña y lo que la ciencia confirma que funciona. "Ejercítate para la piedad", dice la clásica Biblia Reina Valera (1 Timoteo 4:7). ¿Cómo se aplica esto aquí? Respondiendo en fe y acción al cambio necesario.

Las ataduras espirituales a menudo no son tan místicas y amenazantes como podríamos haberlo imaginado. Una atadura sucede cuando quedas atrapados en una forma particular de pensamiento que es destructiva y perjudicial. Cuando el apóstol Pablo escribió a un grupo acerca de la necesidad de pensar de una manera diferente, habló de "derribando argumentos y toda altivez que se levanta contra el conocimiento de Dios, y llevando cautivo todo pensamiento a la obediencia a Cristo" (2 Corintios 10:5, RVR).

Parece como si algunos entusiastas religiosos hablaran de un Teatro del Espíritu Santo cuando hablan de echar fuera demonios. Sin embargo, la instrucción de Pablo muestra que a veces lo que la gente necesita es echar fuera imaginaciones, no demonios. No fortalezcas las ataduras en la mente al demonizarlas cuando la respuesta puede ser simplemente derribar las imaginaciones. En su lugar, reconoce la forma en que estás pensando. Rechaza las mentiras destructivas que obstaculizan tu estilo de vida y reemplázalas con la verdad. Hazlo consistentemente y "conocerás la verdad, y la verdad te hará libre".

Cuando tu cerebro ha estado pensando incorrectamente durante mucho tiempo, las dendritas y las vías sinápticas se engrosan. Sin embargo, esas vías sinápticas se recrean cuando tomamos el control de nuestro pensamiento y nuestra percepción cambia en consecuencia. Aún puedes cambiar tus pensamientos incluso cuando no puedes alterar tus circunstancias. Una vez que te das cuenta de cómo estás pensando y rediriges tus pensamientos, los impulsos eléctricos que transportan información a través de los caminos sinápticos en tu cerebro dejan de cruzar ese puente. Como resultado, el puente entre las dos neuronas se deteriora y eventualmente desaparece. Al mismo tiempo, tus nuevos pensamientos están construyendo puentes saludables, y te encuentras siendo transformado por la renovación de tu mente.

CUIDANDO TUS PENSAMIENTOS

Los cerebros no pueden distinguir entre algo real y algo imaginado. Puedes ver historias sensacionalistas de noticias durante treinta minutos o escuchar a personas quejarse, chismear y lamentarse durante treinta minutos. Tu cerebro responderá como si estuvieras allí. Por esa razón, es imprescindible tener cuidado con lo que permites en tus pensamientos, porque a lo que estás expuesto sin duda te afectará.

Una de las mejores formas de cambiar la forma en que piensas es alejándote de la negatividad. Eso no significa que metas la cabeza en la arena. Significa priorizar lo que permitimos ocupar en nuestra mente. Aprende a aislarte de situaciones que contaminen tu ser interior y protege tu corazón. Proverbios 4:23 dice: "Protege tu corazón por encima de todo, porque de él mana la vida" (NTV).

Otra cosa práctica que puedes hacer es cambiar la forma en que te hablas a ti mismo. Todos tenemos una narrativa interna que da un comentario continuo sobre la vida.

> Asegúrate de controlar eso y no ceder a la interpretación de tu vida, y a los que te rodean. Si no controlas tu pensamiento, otros lo harán.

¿Alguien te ha dicho alguna vez: "Te ves cansado?" Si no tienes cuidado, lo siguiente que escuchas diciéndote es: "Sí, he estado estresado últimamente y me he sentido aletargado". ¿Qué pasó? Llamaron tu atención, cambias tu enfoque hacia la narrativa, estás de acuerdo mentalmente, lo confiesas verbalmente y se manifiesta. Ahora estás cansado. No debería sorprenderte que se convierta en tu experiencia. Acabas de dejar que alguien más escriba el guion de tu vida en ese momento. En lugar de decidir qué pensar acerca de ti mismo, permitiste que alguien más te guiara hacia una forma de pensar poco saludable y, en este ejemplo, sellaste el trato con tu consentimiento verbal.

Practica pensar positivamente sobre ti mismo. La religión legalista ha causado que algunas personas estén tan preocupadas por ser arrogantes que se niegan a reconocer o admitir sus fortalezas. Piensan que la humildad significa denigrarse a sí mismos. Eso no es así.

Después de cincuenta años de consejería, descubrí que la cantidad de personas llenas de arrogancia personal es mucho menor que las que tienen un complejo de inferioridad, a menudo causado por la religión. La mayoría de las personas no ven su propio valor. La religión ha deformado su pensamiento haciéndoles creer que reconocer sus fortalezas personales es arrogante. Eso no es verdad. Tu Biblia te llama "obra maestra de Dios" (Efesios 2:10, NTV). ¿Por qué insultarías a Dios disputando su palabra?

Es hora de pensar diferente acerca de ti mismo, basándote en lo que tu Creador dice sobre quién eres. Comienza a afirmarte mentalmente. Al principio, es posible que te sientas cohibido. Sin embargo, afirmarte a ti mismo te llevará a un crecimiento y madurez en tu vida. Jesús dijo: "Ama a tu prójimo como a ti mismo". ¿Cómo podrás amar a alguien si ni siquiera te amas a ti mismo?

Al abrazar el poder de pensar diferente, puedes elevar tu vida a niveles más altos donde estás sentado con Cristo dentro del Reino de Dios. Te ajustarás a la frecuencia de la fe que fluye desde el Campo de Favor.

> Cambiar la forma en como piensas te abrirá a nuevas ideas, aumentará tu resistencia en las dificultades, fortalecerá tu resistencia espiritual y te llevará a un cambio duradero en tu vida.

Pensar diferente es una forma simple pero profunda de desbloquear el potencial de la vida que fuiste creado para conocer y disfrutar. Atrévete a abrazar este paso de fe y observa cómo la ciencia del Reino acelerará los cambios en tu vida de una manera que las fórmulas religiosas nunca podrán hacer.

Chapter 6

Vivir Cuánticamente es vivir en el Reino

El filósofo griego Heráclito dijo acertadamente quinientos años antes de Cristo: "La única constante en la vida es el cambio". Queramos o no, el cambio es inevitable en la experiencia humana. Desde las células de nuestro cuerpo hasta el cambio de las estaciones y la cultura en sí misma, el crecimiento y el cambio están inseparablemente vinculados. Si tienes la intención de crecer de alguna manera, debes estar abierto al cambio.

Romanos 12:2 nos instruye a "no conformarnos a este mundo, sino transformarnos mediante la renovación de nuestra mente". Este es un llamado directo al cambio, desafiándonos a dejar ir los viejos patrones y formas de pensamiento y abrazar nuevos que se alineen con la verdad. El primer paso para abrazar una vida de fe es el arrepentimiento. La palabra significa "cambiar de opinión". Es tan simple como eso. Para crecer, necesitamos cambiar nuestras mentes.

. . .

Algunos se resisten al cambio e insisten en preservar su comprensión y forma de vida actuales. Creen que Dios no cambia, y tampoco deberían hacerlo nuestras creencias sobre Él. Es cierto que Malaquías 3:6 dice: "Porque yo Jehová no cambio". Hebreos 13:8 dice: "Jesucristo es el mismo ayer, y hoy, y por los siglos". Es reconfortante saber que el carácter y la naturaleza de Dios permanecen constantes e inmutables, incluso cuando el mundo que nos rodea está en constante cambio. Es un recordatorio de la fidelidad y consistencia de Dios en un mundo en constante fluctuación.

Por otro lado, nuestra comprensión de Dios y la mejor manera de expresar nuestra fe en Él sí cambia a medida que experimentamos crecimiento. Hubo un momento en la historia en que los cristianos abrazaron los conceptos de la esclavitud, la misoginia y otras ideas erróneas que ahora sabemos que están mal. Esas opiniones equivocadas se creían sinceramente que tenían una base bíblica en ese momento. Sin embargo, a medida que el pueblo de Dios creció, llegamos a conocer que no era así.

> Aunque Dios no cambia, las personas sí lo hacemos cuando lo entendemos con mayor claridad.

La mecánica cuántica es la ciencia que apunta al núcleo de la vida. Es un campo de la física que estudia el comportamiento de la materia y la energía a la escala más fundamental posible. Va más allá del materialismo físico y examina la energía detrás de el. Has aprendido que uno de los principios básicos de la mecánica cuántica es que las partículas pueden existir en un estado de superposición, lo que significa que existen en múltiples estados simultáneamente hasta que son observadas o medidas. Los resultados no están fijos, sino que dependen de nuestra expectativa enfocada o, usando la palabra bíblica, nuestra fe. Las cosas pueden cambiar porque tú puedes cambiar.

Esta realidad científica afirma que nada en nuestras vidas es inamovible y que podemos alterar los resultados potenciales con nuestro poder co-creativo en Cristo. El potencial para el cambio es un regalo de Dios que nos impide estar encerrados en un papel determinista sobre el cual no tenemos influencia. "Todo lo puedo en Cristo que me fortalece", fue la declaración del apóstol Pablo, y lo mismo es cierto para ti.

La comprensión del universo como un sistema cuántico dinámico y siempre cambiante se refleja en nuestras vidas. Mientras navegamos por la vida, también estamos sujetos a un cambio constante, tanto interna como externamente. Cómo pensamos, sentimos y actuamos puede cambiar y transformarse con el tiempo, al igual que nuestras relaciones, circunstancias y entornos. Reconocer y abrazar esta realidad puede ayudarnos a abordar las alteraciones de la vida con curiosidad y apertura en lugar de miedo y resistencia. También nos permite cultivar la flexibilidad y adaptabilidad necesarias para prosperar en un mundo en constante cambio.

Vivimos tiempos emocionantes en los que el potencial para un cambio positivo nunca ha sido mayor. Hay un movimiento entre las personas de fe que están cansadas del enfoque legalista de la fe probado y encontrado que muchos han conocido. Hicimos lo que nos dijeron y no funcionó. Hemos orado, estudiado, dado, evangelizado, participado, adorado y rededicado a esforzarnos más, hacerlo mejor hasta que estemos agotados por todo. Muchos han sabido instintivamente que debe existir una mejor manera. Pero, al no saberlo, la mayoría está condenada a repetir el mismo ciclo inútil de intentarlo incansablemente, fallar con frecuencia y volver a rededicarse repetidamente a comenzar el proceso de nuevo. Es enloquecedor, pero hay esperanza en el horizonte.

EL CRECIMIENTO NO SE DETIENE

Creciendo en el seno del cristianismo, he escuchado a la gente orar lo mismo toda mi vida. Las apasionadas oraciones por un avivamiento han sido la súplica perenne desde que tengo memoria.

> Un sentimiento generalizado es que Dios debe llevarnos de vuelta a los días del Nuevo Testamento. Sin embargo, el hecho es que Él no tiene la intención de hacer tal cosa. El crecimiento se mueve en una dirección hacia adelante, no hacia atrás.

Las diferencias entre los santos del Antiguo y del Nuevo Testamento eran enormes. La fe de Pablo era más sólida que la de Moisés porque Pablo entendía cosas que Moisés no conocía. La madurez de la iglesia primitiva era, sin duda, más avanzada de lo que el antiguo pueblo de Israel había conocido. El pueblo de Dios había crecido y sabía más. No porque Dios hubiera cambiado, sino porque ellos lo habían hecho, como debería ser.

. . .

¿Tiene sentido que las cosas ahora sean diferentes? ¿Dios quiere que nuestro nivel de comprensión no sea mayor que el de las personas de la iglesia primitiva hace dos milenios? ¿Hemos alcanzado la plenitud de lo que se puede conocer acerca de Cristo y ahora hemos llegado a un punto muerto? ¿Nuestro crecimiento colectivo terminó con el final de la Era del Nuevo Testamento? ¿No tiene sentido que, al igual que los santos del Nuevo Testamento progresaron más allá de la etapa de los del Antiguo Testamento, nosotros también deberíamos progresar más allá del nivel de los primeros creyentes en la iglesia?

Imagina que la iglesia primitiva hubiera pensado que era un compromiso y un error avanzar más allá de las mentalidades y métodos del Antiguo Testamento para expresar la fe. ¡Todavía estaríamos ofreciendo sacrificios quemados hoy en día! Afortunadamente, la iglesia primitiva reconoció la importancia del cambio y lo aceptó tal como el Espíritu los llevó. Nos encontramos en esa misma encrucijada hoy. No necesitamos vivir en una replicación de los tiempos bíblicos. Necesitamos expresar nuestra fe en los tiempos modernos en base a la comprensión que se nos ha dado en nuestro lugar en la historia. La base de nuestra fe es ortodoxa, pero el flujo de nuestra fe es abierta y continua.

De alguna manera, la respuesta a las oraciones que mencioné antes está sucediendo ahora. Hay un movimiento espiritual del Espíritu en acción hoy. Lo que muchos encuentran difícil de aceptar es que algunos conocimientos que necesitamos para avanzar espiritualmente provienen de una fuente improbable: la ciencia.

. . .

¿Recuerdas cuando Felipe vino a Natanael para decirle que había encontrado al Mesías, Jesús de Nazaret? Natanael estaba escéptico y preguntó: "¿Puede algo bueno salir de Nazaret?" La respuesta a su pregunta es evidente para nosotros, pero no lo era para él. Hoy en día, las personas hacen una pregunta similar sobre la ciencia. Para algunos, sugerir que Dios puede enseñarnos sobre sí mismo y la vida en Él desde la ciencia es apartarse de la ortodoxia.

Hubo un tiempo en que los cristianos creían que los demonios causaban epilepsia, pero la ciencia nos enseñó mejor. Hubo un tiempo en que los creyentes pensaban que la tierra era el centro del universo. Galileo fue acusado de herejía por sugerir lo contrario. Hoy, gracias a la ciencia, sabemos que tenía razón. Con el desarrollo de instrumentos científicos, quedó claro que la tierra giraba alrededor del sol, no al revés. Este fue un cambio de paradigma importante para muchas personas, incluidos los líderes religiosos, que al principio se indignaron por la evidencia científica. Galileo respondió en su propia defensa cuando fue acusado de herejía: "No me siento obligado a creer que el mismo Dios que nos ha dotado de sentido, razón e intelecto ha pretendido que renunciemos a su uso". [1] Tenía razón. Está bien usar el cerebro que Dios te dio, incluyendo estar abierto a la verdad de la ciencia. Es esencial reconocer que Jesús dijo: "Cuando venga el Espíritu de verdad, él los guiará a toda la verdad" (Juan 16:13), no solo a la verdad que escuchas en la iglesia.

OTRA MILLA MARCADA EN LA HISTORIA

Así como el pueblo de Dios creció durante el período Inter testamentario de cuatrocientos años entre el Antiguo y el Nuevo Testamento, también deberíamos estar creciendo ahora. El cambio siempre ha sucedido y sigue sucediendo. En su libro, *La Gran*

Aparición, la difunta autora y profesora de religión Phyllis Tickle utilizó la analogía de lo que ella llamó una "venta de garaje de quinientos años" para describir los cambios sociales que han ocurrido en el mundo de la iglesia a lo largo de los años. [2] Tickle dijo que históricamente, el mundo de la iglesia "limpia la casa" aproximadamente cada quinientos años, celebrando lo que ella llamó una "gran venta de garaje", decidiendo qué desechar y qué conservar, haciendo espacio para cosas nuevas. Ella respalda su posición mirando hacia atrás durante 2000 años y señalando cuatro "grandes" de la historia. El primero fue la encarnación de Cristo en Jesús, una era que Tickle llama "La Gran Transformación". Fue el momento en que Dios se manifestó en forma humana como Emmanuel, Dios con nosotros.

Luego, quinientos años después, vino Gregorio Magno, el Obispo de Roma. En aquellos días en el mundo de la iglesia, había un debate sobre los iconos religiosos. Algunas personas creían que el uso de los iconos en la adoración era apropiado y podía ayudar en la devoción religiosa, mientras que otros pensaban que era una forma de idolatría e iba en contra del mandamiento de no adorar imágenes talladas. Fue una discusión acalorada. Luego estuvo la discusión en torno a María, la madre de Jesús. ¿Cuál sería su papel en la iglesia? ¿Debería ser venerada o considerada como cualquier otra creyente? Estos eran grandes problemas que fueron debatidos intensamente en ese momento.

Después, al principio del nuevo milenio en 1054, llegó "El Gran Cisma", cuando la Iglesia Cristiana se dividió en las ramas Oriental y Occidental que aún vemos hoy en las Iglesias Ortodoxa Oriental y Católica Romana. El cisma se centró principalmente en la cuestión de la autoridad papal, con la Iglesia Ortodoxa Oriental rechazando la afirmación del Obispo de Roma (el Papa) de ser el líder supremo de toda la Iglesia. También hubo desacuerdos sobre cuestiones teológicas, como el uso de pan sin levadura en la Eucaristía y el uso de la cláusula Filioque en el Credo de Nicea. La cláusula giraba en torno a si el Espíritu Santo procede del Padre y del Hijo o solo del Padre, como se afirma en el Credo original de Nicea. Se produjo un alboroto que terminó con un credo revisado sobre esta diferencia. El cisma resultó en la separación formal de la Iglesia Ortodoxa Oriental de la Iglesia Católica Romana, creando dos ramas distintas del cristianismo.

Quinientos años después vino "La Gran Reforma", cuando, el 31 de octubre de 1517, se dice que Martín Lutero clavó sus noventa y cinco tesis en la puerta de la iglesia del castillo en Wittenberg, Alemania. Lutero detalló muchos problemas que algunos tenían con la Iglesia Católica Romana. Fueron tan intensos que los protestantes y los católicos romanos tomaron caminos separados.

Avanzando quinientos años y aquí estamos. Si mantenemos el patrón visto desde el nacimiento de Cristo, nos corresponde otra gran aparición en el mundo de nuestra fe. ¿Cómo será? Creo que es la aparición de la vida cuántica y el reconocimiento de verdades científicas que informan nuestra vida en Cristo. Es el cumplimiento de la promesa de Jesús cuando dijo que su seguidor "hará también las obras que yo hago, y aun mayores, porque yo voy al Padre" (Juan 14:12). Como seguidores de Cristo con mentes abiertas y corazones receptivos, al aprender la cultura del Reino de Dios revelada en los descubrimientos de la ciencia cuántica, entenderemos cómo el Creador nos diseñó para funcionar en Su creación y el mundo verá algo nunca antes visto.

. . .

Romanos 8:19 dice: "Porque el anhelo profundo de la creación es que los hijos de Dios sean revelados". ¿Podría este día en el que vivimos ser el tiempo al que se refiere este versículo? Yo creo que sí. La manifestación de los hijos de Dios es la culminación del objetivo del Apóstol Pablo: "preparar a los santos para la obra del ministerio, para la edificación del cuerpo de Cristo, hasta que todos lleguemos a la unidad de la fe y del conocimiento del Hijo de Dios, a un varón perfecto, a la medida de la estatura de la plenitud de Cristo" (Efesios 4:12-13).

La relación harmoniosa entre la fe y la ciencia cuántica es algo fantástico. El materialismo científico que nos enseñaron en la escuela estaba en agudo desacuerdo con gran parte de nuestra fe. Sin embargo, las cosas cambiaron cuando la ciencia se abrió a las realidades espirituales. Nicola Tesla vio el día de antemano cuando, según los informes, dijo: "El día en que la ciencia comience a estudiar los fenómenos no físicos; Progresara más en una década que en todos los siglos anteriores de su existencia". [3]

El Creador de toda la humanidad es multilingüe. Él habla de muchas maneras, incluyendo el lenguaje hablado y escrito, la naturaleza, la música, el cine, las circunstancias, las personas, el silencio, los sueños, las coincidencias, los pensamientos, los sentimientos, las experiencias sobrenaturales y muchas otras formas, incluyendo la ciencia. No hay límite para las formas en que Dios puede hablar. Agustín sabiamente observó: "Todo buen y verdadero cristiano debería entender que dondequiera que encuentre la verdad, es del Señor". [4]

"Dondequiera que encuentre la verdad", profesa este sabio santo.

. . .

> Es de conocimiento común que Dios habla a través de la Biblia, pero restringirse a los libros dentro de las Escrituras es ignorar los muchos lenguajes en los que Él habla.

Hubo un tiempo en que no existía la Biblia y Dios aún hablaba. He estado con creyentes en China que, por ley, nunca han tenido una Biblia, pero saben que Dios les ha hablado de muchas maneras.

Mi intención aquí no es minimizar la Biblia, sino expandir su comprensión. La voz de Dios es demasiado fuerte para estar encerrada en libros y edificios. Él puede ser escuchado más allá de la Biblia y las iglesias. La ciencia cuántica es uno de los dialectos emocionantes que habla hoy en día. Para aquellos que tienen oídos para oír, ver las ideas espirituales y la evidencia explícita de Cristo dentro de la ciencia cuántica es emocionante. Niels Bohr, uno de los pioneros de la ciencia cuántica, dijo: "Si alguien dice que puede pensar en problemas cuánticos sin marearse, eso solo muestra que no ha entendido nada sobre ellos". [5] Dios en verdad habla a través de este medio científico y el sonido de Su voz allí te hará sentir mareado.

Esto puede sonar extraño si has sido adoctrinado para creer que la única forma en que Dios habla es con una expresión religiosa. Sería como si dijera que, si la gente no habla con mi acento sureño, no están realmente hablando inglés. Al imponer esa mentalidad restrictiva y reduccionista en la fe, te cortas a ti mismo de la potencial interacción hermosa con un Dios que habla todos los idiomas con todos los acentos y dialectos. Su vocabulario se extiende más allá del lenguaje de la Biblia y la iglesia.

Algunos podrían argumentar que las voces extrabíblicas se prestan a la interpretación subjetiva y corren el riesgo de causar malentendidos. Si eso incluso cruza tu mente, podrías recordar que la Biblia no escapa a ese riesgo tampoco. No hay más de cuarenta mil denominaciones cristianas hoy en día porque todos estamos de acuerdo en lo que significa la Biblia. Es precisamente por nuestras diferencias en la interpretación que existen tantas. ¿Puede ser erróneo y engañoso nuestro entendimiento de lo que Dios dice a través de la ciencia, la naturaleza, las artes, las experiencias, los sueños, los sermones, los libros y un sinfín de otras fuentes? Por supuesto, eso es posible, igual que lo es con la Biblia.

La respuesta a esa posibilidad es confiar en el Espíritu que Jesús dijo que nos guiaría, avanzar cuidadosamente, orando, y dependiendo del liderazgo divino. Y si debatimos la confiabilidad, pondría la evidencia empírica de la ciencia cuántica contra las experiencias personales de las personas en cualquier día. Si un científico presenta un nuevo descubrimiento, se examina y se investiga de manera implacable hasta que se confirma. Pero, por otro lado, un tipo come comida picante una noche, se va a dormir y tiene un sueño dramático, luego se despierta con un mensaje para el mundo sobre la "visión" que Dios le dio, y luego algunas de las mismas personas que se burlarían de la ciencia aceptarán el testimonio del soñador como si hubiera sido entregado en tablas de oro.

DEJA QUE TU LUZ BRILLE

La ciencia nos dice que todos tenemos una firma energética. En Las Letras Físicas, una revista científica revisada, sugiere la evidencia de que todos emitimos emisiones de biofotones de bajo nivel debido a varias reacciones bioquímicas en el cuerpo. Estos científicos sostienen que proyectamos frecuencias de luz a nuestro alrededor. Jesús también lo dijo. En el Sermón del Monte, dijo: "Vosotros sois la luz del mundo", luego nos instruyó a "Deja que tu luz brille ante los hombres, para que vean tus buenas obras y glorifiquen a tu Padre que está en el cielo" (Mateo 5: 14-16). La ciencia y las Escrituras dicen lo mismo sobre esto.

Se han realizado numerosos experimentos científicos relacionados con las firmas energéticas, especialmente en bioenergética. Un ejemplo es la fotografía Kirlian, que consiste en capturar una imagen del campo energético de un objeto utilizando descargas eléctricas de alta tensión. [6] Otro ejemplo es el uso de detectores de campo electromagnético para medir los campos de energía alrededor de los organismos vivos. Además, se han realizado estudios que exploran la relación entre las emociones humanas y las firmas energéticas, como el uso de electroencefalografía para detectar cambios en los patrones de ondas cerebrales durante experiencias emocionales. [7] Estos experimentos han llevado a una creciente cantidad de investigaciones sobre el papel de los campos energéticos en la salud y el bienestar humano.

El hecho es que eres un conjunto de luz y eres una expresión de Aquel de quien Juan escribió: "Dios es luz, y en Él no hay oscuridad en absoluto".

> La vida cuántica es un camino de gracia que nos capacita para llevar la Luz de la Vida a lugares oscuros al comportarnos consistentemente con quienes somos.

La religión legalista prescribe órdenes que se supone que te hacen más parecido a la Luz de la que provienes, pero el hecho es que ya eres una expresión de esa Luz. Solo sé tú mismo y deja que tu luz brille. Es así de simple.

CANTA TU CANCIÓN

El mundo que nos rodea es una sinfonía de maravillas llena de belleza impresionante. Una de las maravillas de la vida que define la esencia de nuestro ser es nuestro ADN. Tu composición genética define la composición única e intrincada que realmente has sido creado para ser. Tu vida es una melodía extraordinaria escrita por Aquel que dio voz a toda la creación.

Cuando el apóstol Pablo habló a los paganos adoradores de ídolos en el Areópago, dirigió su atención hacia su identidad más profunda. "Porque en Él vivimos, nos movemos y existimos, como algunos de vuestros poetas también han dicho: "Porque también nosotros somos de su linaje" (Hechos 17:28, LBLA). La palabra "linaje" en esta declaración es la palabra griega genos, de la cual obtenemos la palabra "genealogía". Si piensas que tu ancestro comenzó con Adán, necesitas mirar más atrás. La Biblia dice que tus raíces pueden rastrearse hasta tu Creador. Compartes el ADN de Dios. Si bien la referencia no es a nuestra constitución física, sugiere una belleza que a menudo se oscurece por las anteojeras religiosas que hacen que la gente crea que carece de belleza intrínseca.

En los últimos años, la sorprendente conexión entre el ADN y la música ha inspirado a músicos e investigadores a explorar esta relación, descubriendo nuevas perspectivas sobre la experiencia humana. Lo que han hecho es traducir las secuencias de ADN de las personas en música, y ha llevado a resultados excepcionales. Resulta que todos tenemos nuestra propia melodía única que reside en el núcleo de nuestro ADN. Solo es cuestión de saber cómo tocarla.

En su esencia, tanto el ADN como la música se basan en secuencias y patrones. El ADN lleva el plan de la vida en forma de una secuencia de bases de nucleótidos: adenina (A), citosina (C), guanina (G) y timina (T), mientras que la música es un arreglo de tonos, ritmos, dinámicas y timbres. Numerosos investigadores han hecho esta comparación a lo largo de los años, y a veces se usa para ilustrar la belleza inherente a la biología y la música.

Imagina, por un momento, la impactante noción de que el ADN de cada persona puede verse como una pieza musical única. Cada persona lleva consigo una melodía que es completamente suya, una maravillosa composición que expresa el núcleo de su ser. Los investigadores han explorado esta idea y han mapeado los códigos genéticos de las personas en elementos musicales y han creado resultados musicales que han sido sorprendentes.

. . .

Han convertido las secuencias de ADN en música asignando notas musicales específicas a cada bloque de construcción de ADN. Por ejemplo, pueden asignar una nota C al bloque de construcción de ADN llamado adenina, y una nota F a la timina. A medida que la secuencia de ADN se reproduce como una partitura musical, se crea una melodía única que refleja la disposición de las bases de ADN en nuestros genes. Las melodías creadas a partir del ADN nos recuerdan la impresionante belleza y la inspirada singularidad que nos define a cada uno de nosotros. [8]

El potencial impacto de esta convergencia de ciencia y arte emociona la imaginación. Imagina un mundo donde podemos escuchar las melodías de nuestros ancestros, donde podemos rastrear nuestra herencia a través de una sinfonía de canciones genéticas, y donde podemos compartir nuestras canciones únicas entre nosotros. Algunos científicos describen ese mundo como uno que nos acercaría más entre nosotros, ya que nada conecta a la gente como la música.

Detente por un momento y considera que eres una hermosa obra maestra musical compuesta por un Dios amoroso. El día en que naciste, decidió cantar a través de ti para entrar en este mundo. La Biblia dice que eres participante de la naturaleza divina, así que no es una exageración sugerir que el Dios que hizo todas las cosas quiere cantar Su vida y amor al mundo a través de la canción única y hermosa que es tu vida. Cristo se comparte a sí mismo en tu esfera de influencia a través de ti. Eres una melodía milagrosa de Afinación Perfecta.

. . .

Cada persona tiene una canción única incrustada en su ADN. Cuando cada uno de nosotros vive desde nuestra identidad auténtica, nos unimos en una armonía humana que no es menos que espectacular. Tu vida es una sinfonía de experiencias que pueden inspirar y elevar a quienes te rodean. Cada nota y acorde representan un momento particular en el tiempo, y cuando se juntan, crean una hermosa melodía que es única en ti. Así que, no tengas miedo de cantar en voz alta, abraza la alegría de la vida y comparte tu hermosa canción con el mundo. Recuerda, tienes una voz única que puede llevar luz y amor a los demás, y no hay nada más hermoso que eso. Así que canta, ¡y hazlo sin inhibiciones!

Epílogo

Este libro es el resultado de cómo he progresado en mi propio viaje a lo largo de los últimos años. Comenzó cuando empecé a leer libros sobre mecánica cuántica porque me parecía interesante. De inmediato quedé impresionado por los elementos místicos de esta ciencia naciente que contrastaban fuertemente con el enfoque materialista científico que todos aprendimos en la escuela.

A medida que continué estudiando, comencé a ver lo que parecían similitudes entre las verdades dentro de la mecánica cuántica y las enseñanzas bíblicas que siempre había conocido. Con el tiempo, vi cómo ambas se unían hasta el punto de que finalmente reconocí que no solo eran similares. La ciencia cuántica moderna nos está enseñando algunas de las mismas cosas que la Biblia, pero en un lenguaje diferente. Una vez que lo vi, no me pude detener. Es emocionante ver el Reino de Dios y cómo vivir en el claramente a través del lenguaje de la ciencia, como lo he descrito en este libro.

Para obtener más información sobre nuestro ministerio en español puedes enviar un correo electrónico a Gerardo Vázquez, nuestro Director para América Latina. gerardovazquezlara@yahoo.com.

Gracias por invertir tu tiempo en este libro. Que el Espíritu de la Verdad continúe guiándote hacia un conocimiento cada vez más amplio de la Vida

Notas

CAPÍTULO UNO

1. Planck, M. (1932). ¿Hacia Dónde va la Ciencia? (trad. James
Murphy). W. W. Norton Y Company. p. 169.

2. Thoreau, H. D. (1842). Historia Natural de Massachusetts. En R. Sattelmeyer (Ed.), Thoreau: Una Colección de Ensayos Críticos (pp. 1-22). Prentice-Hall.

3. Esta información se puede encontrar en http://www.industrytap.com/knowledge-doubling-every-12-months-soon-to-be-every-12- hours/3950.

4. https://techcrunch.com/2010/08/04/schmidt- data/.

5. Maxwell, J. C. (1878). Materia y Movimiento. Apple Town Company. p. 45.

6. Einstein, A. (1952). El Principio De La Relatividad (trad. W. Perret Y G. B. Jeffery). Dover Publications. p. 175.

7. De un artículo publicado por la Universidad de Houston y Encontrado en https://www.uh.edu/engines/epi2627.htm.

8. Goswami, A. (2012). Dios No Está Muerto: Lo Que La Física Cuántica Nos Dice Acerca De Nuestros Orígenes Y Cómo Deberíamos Vivir. Hampton Roads Publishing.

9. Heisenberg, W. (1971). Física Y Más Allá: Encuentros Y Conversaciones. Harper & Road p. 63.

10. Braden, Gregg. La Matrix Divina: Un Puente Entre El Tiempo, El Espacio, Los Milagros y Las Creencias. Hay House. Kindle Edition.

11. Baron, Jonathan (2000), Pensando Y Decidiendo (3ª ed.), New York: Cambrige University Press, p. 195

CAPÍTULO DOS

1. Wheeler, J. A. (1998). Geones, Agujeros Negros y Espuma Cuántica: Una Vida En Física. W. W. Norton & Company.

2. Feynman, R. P., Leighton, R. B., & Sands, M. (1965). Las Lecturas de Feynman de Física (Vol III). Addison-Wesley.

3. Heisenberg, W. (1958). Física Y Filosofía: La Revolución En La Ciencia Moderna. Harper Perennial Modern Classics.

4. James, William, Los Principios De La Psicología, Volumen 1 (Nueva York: Henry Holt and Company, 1890).

5. Meister Eckhart, Sermon 16, En Meister Eckhart: Los Sermones Escenciales, Comentarios, Tratados y Defensa, trad. y ed. Edmund Colledge y Bernard McGinn (Nueva York: Paulist Press, 1981), 141.

6. Erwin Schrödinger, La Situación Presente En La Mecánica Cuántica, Naturwissenschaften 23, no. 49 (1935): 807-812.

7. Gottfried Wilhelm Leibniz, Monadología, trad. George MacDonald Ross (1714; repr., London: Oxford University Press, 1999)

8. "Evangelio de Tomás", logión 29, en La Biblioteca de Nag Hammadi En Inglés, trad. y ed. James M. Robinson, 4ta rev. ed. (Leiden: E. J. Brill, 1996), 126.

9. Einstein, Albert. El Mundo Como Yo Lo Veo. Traducido por Alan Harris. Forum y Century 84, no. 6 (1930): 193-194. Reimpresión, Nueva York: Citadel Press, 1956.

CAPÍTULO TRES

1. Amit Goswami, Dios No Está Muerto: Lo Que La Física Cuántica Nos Dice Acerca De Nuestros Orígenes Y Cómo Debemos Vivir (Charlottesville, VA: Hampton Roads Publishing, 2008), 30.

2. Amit Goswami, El Universo Autoconsciente: Cómo La Conciencia Crea El Mundo Material (Nueva York: Tarcher/Putnam, 1993), 289.

3 Albert Einstein, Citado En Viereck, George Sylvester, "Lo Que La Vida Significa Para Einstein: Una Entrevista", The Saturday Evening Post, 26 de Octubre de 1929, p. 17.

4. Vilhauer, Jennice. "Como Tu Pensamiento Crea Tu Realidad." Psychology Today, 27 De Septiembre DeL 2020, https://www.psychologytoday.com/us/blog/living forward/ 202009/como tu pensamiento crea tu realidad.

5. San Juan Crisóstomo, Homilía 31 Sobre Romanos, En Una Biblioteca Selecta De Nicea Y El Después De Los Padres De La Iglesia De Nicea: San Juan Crisóstomo: Homilías Sobre Las Epístolas De Pablo A Los Romanos, ed. Philip Schaff, vol. 11 (Nueva York: Christian Literature Company, 1889), 399-413.

CAPÍTULO CUATRO

1. Tertuliano, De Spectaculis, Capítulo XXX. Patrologiae Cursus Completus: Series Latina. Vol. 1, editado por J.P. Migne, 1844, pp. 228-229.

2. Newberg, Andrew, y Mark Robert Waldman. Las Palabras Pueden Cambiar Tu Cerebro: 12 Estrategias De Conversación Para Construir Confianza, Resolver Conflictos Y Aumentar La intimidad. Hudson Street Press, 2012, p. 10.

3. https://www.ncbi.nlm.nih.gov/pmc/articles/PMC6749494/

4. https://www.jospt.org/doi/10.2519/jospt.2018.0610?url_ver=Z39.88-2003&rfr_id=ori:rid:crossref.org& rfr_-dat=cr_pub%20%200pubmed

5. https://pubmed.ncbi.nlm.nih.gov/27243765/

6. https://www.ncbi.nlm.nih.gov/pmc/articles/PMC8536856/

7. https://www.cdc.gov/violenceprevention/ youthviolence/bullyingresearch/fastfact.html

8. https://workplacebullying.org/wp-content/uploads/2021/04/2021-Full-Report.pdf

9. Bruce H. Lipton, La Biología De La Creencia: La Liberación Del Poder De La Conciencia, la Materia Y Los Milagros. (Carlsbad, CA: Hay House, 2015), 69.

10. ibid, p. 87

11. Dispenza, Joe. Rompiendo El Hábito De Ser Uno Mismo: Cómo Perder Tu Mente Y Crear Una Nueva, Carlsbad, CA: Hay House, Inc, 2012.

12.ibid.

13. Lakhovsky, George. "El Secreto De La Vida." Radio News, vol. 10, no. 5, 1927, pp. 639-641.

CAPÍTULO CINCO

1. Ellen J. Langer, Hacia Atrás En El Tiempo: Salud Mental Y El Poder De La Posibilidad. (New York: Ballantine Books, 2009).

2. Grierson, Bruce. "¿Qué Pasaría Si La Edad No Fuera Más Que Una Actitud Mental?" The New York Times Magazine, 22 De Octubre de 2014. https://www.nytimes.-com/es/2014/10/23/que-pasaria-si-la-edad-no-fuera-más que-una-actitud-mental/html.

3. Maguire, E. A., Gadian, D. G., Johnsrude, I. S., Good, C. D., Ashburner, J., Frackowiak, R. S., y Frith, C. D. (2000). "Cambio Estructural Relacionado Con La Navegación En El Hipocampo De Los Taxistas," Proceedings of the National Academy of Sciences, 97(8), 4398-4403.

4. Braun, S. M., Beurskens, A. J., Borm, P. J., Schack, T., y Wade, D. T. (2007). Los Efectos De La Práctica Mental En La Rehabilitación Neurológica: Una Revisión Sistemática Y Meta-Análisis. Journal of Neurologic Physical Therapy: JNPT, 31(4), 215-223.

CAPÍTULO SEIS

1. Galileo Galilei. "Carta A La Gran Duquesa Cristina." El

Caso Galileo: Una Historia Documental, editado y traducido por Maurice A. Finocchiaro, University of California Press, 1989, p. 169.

2. Tickle, Phyllis. La Gran Aparición: Cómo El Cristianismo Está Cambiando Y Por Qué. Baker Books, 2008.

3. Aunque no hay un trabajo específico publicado de Tesla que contenga esta cita exacta, a menudo se le atribuye y resalta su creencia general en la importancia de estudiar fenómenos no físicos para avanzar en la comprensión científica.

4. Agustín de Hipona, Sobre La Doctrina Cristiana, trad. D.W. Robertson Jr. (Nueva York: Macmillan Publishing Company, 1958), 51.

5. Niels Bohr, Citado En Física Y Más Allá: Encuentros Y Coversaciones De Werner Heisenberg, trad. Arnold J. Pomerans (Nueva York: Harper & Row, 1971), p. 52.

6. Popp, F. A., Chang, J. J., Herzog, A., Yan, Z., y Yan, Y. (2013) "Evidencia De Luz No Clásica (Comprimida) En Sistemas Biológicos". Physics Letters A, 377(11-12), 788-793. doi: 10.1016 j.physleta.2013.01.012

7. Munteanu, C. y A. Iorga. "Fotografía Kirlian: Principios Y Aplicaciones." Revista Rumana Re Física 60, no. 3-4 (2015): 673-682.

8. Para aquellos interesados en estudiar más sobre este tema, podrían considerar "Música del ADN: una Introducción a la Composición con ADN" de Francisco J.

Ballesteros, "Mapeo de ADN a Música" de Richard E. Randall, "La Música del ADN: La Sinfonía de la Naturaleza en Do Mayor" de Mark Temple, "De ADN a Música: Composiciones Musicales a partir de Secuencias de ADN" de Emily E. Ryan y Frank A. Russo, y "Música de los Hemisferios: Creando Música a partir de ADN" de Robert J. Black. Estos son solo algunos de los muchos artículos que describen estudios sobre este tema.

Menciones

LO QUE OTROS HAN DICHO SOBRE LOS LIBROS DE STEVE MCVEY:

El cantante de gospel ganador del Grammy, Kirk Franklin dijo: "Los libros de Steve McVey han sido utilizados por Dios para transformar mi camino cristiano".

El Dr. Tony Evans, Presidente de The Urban Alternative escribió: "Mi buen amigo, Steve McVey ha devuelto lo asombroso a la gracia."

Gary Smalley, autor de The Language of Love: "Pocas personas han tenido el efecto de cambio de vida en mi vida que Steve McVey ha tenido. Siempre que escucho que tiene un nuevo libro, compro varias copias."

Neil Anderson, autor de The Bondage Breaker: "(El libro de Steve McVey) Una Invitación Divina ampliará tu corazón e incrementará tu comprensión del amor de Dios que va más allá del conocimiento".

El fallecido Bill Bright, fundador de Campus Crusade for Christ, escribió sobre el libro, Una Invitacion Divina: "Steve McVey nos ha dado en un lenguaje muy claro y comprensible una maravillosa e imborrable imagen de cuán hermoso, completo e incluso sorprendente es realmente el amor de Dios por nosotros."

"Steve McVey es una de las voces que no teme decir toda la verdad sobre la gracia. La escritura bíblica, sólida y que cambia la vida de Steve me señala el amor, el favor y la gracia de Dios en Cristo que se dan gratuitamente: una experiencia de caminar en gracia. ' - Ganador de catorce premios Grammy, Ron Block

Acerca del Autor

El Dr. Steve McVey es autor de dieciocho libros, incluyendo el best seller, Grace Walk. Steve escribe para abordar necesidades específicas en la vida del lector. Sus libros están llenos de verdad bíblica, aplicación práctica, humor y afirmación que te alentarán y fortalecerán en tu propio viaje de fe. Steve y su esposa Melanie, viven en el área de la bahía de Tampa, Florida. Tienen cuatro hijos adultos y cinco nietos.

Tambien por Steve McVey

Grace Walk

The Secret of Grace

Grace Amazing

52 Lies Heard in Church Every Sunday

Grace Walk Devotional

Helping Other Overcome Addictions (con Mike Quarles)

Unlock Your Bible

A Divine Invitation

Walking in the Will of God

When Wives Walk in Grace

The Godward Gaze

Grace Walk Moments

Getting Past the Hurt (con Melanie McVey)

Beyond an Angry God

The Grace Walk Experience Workbook

Journey into Intimacy Workbook

Anchored: Five Keys to a Secure Faith

Información del Editor

VIDA CUÁNTICA fue publicada por The Writer's Society, una compañía de publicación de temas de Gracia y Trinitarios que empodera a los autores para liberar libros que revelan la bondad de Dios al mundo a través de una variedad de servicios de autoedición. www.thewriterssociety.online

Made in the USA
Monee, IL
04 November 2026

67382338R00075